平板显示释疑手册

（第 2 辑）

焦　峰　吴威谚　王海宏　**编著**

东南大学出版社
·南京·

内容提要

　　我国自投入平板显示产业以来，产值规模不断扩大，涌现出中电熊猫、京东方、华星光电、天马等一大批优秀的企业，他们不断进取、勇于创新，解决了我国平板显示面板极度依赖进口的状况。从 2009 年起陆续建成 6 代线、8.5 代线等一批高世代产线后，我国在世界先进面板制造领域的话语权不断提升，至 2019 年基本形成中韩两国"争霸"的局面。

　　产业的发展需要不断地吸纳优秀的人才，每年都有大批的优秀大学毕业生投身于平板显示行业，他们迫切需要学习专业相关知识，掌握工作技能。市面上已经有一些关于平板显示专业的书籍，但往往只是告诉读者"是这样"，而不会解释"为什么是这样"，而理解"为什么是这样"才能牢固地掌握知识。基于这样的原因，作者以目前主流的显示技术（如液晶显示、OLED 显示、柔性显示等）为主，试着以问答的方式介绍显示面板在设计、生产以及使用中的各种疑问，对于入门者可以轻松地阅读，对于专业者可以发现之前未曾注意的真相。

图书在版编目(CIP)数据

　　平板显示释疑手册. 第 2 辑 / 焦峰，吴威谚，王海宏编著. —南京：东南大学出版社，2019.5

　　ISBN　978 - 7 - 5641 - 8395 - 0

　　Ⅰ.①平⋯　Ⅱ.①焦⋯　②吴⋯　③王⋯　Ⅲ.①平板显示器件 - 技术手册　Ⅳ.①TN873-62

　　中国版本图书馆 CIP 数据核字(2019)第 081875 号

平板显示释疑手册(第 2 辑)

编　　　著	焦　峰　吴威谚　王海宏
出版发行	东南大学出版社
社　　　址	南京市四牌楼 2 号(邮编：210096)
出 版 人	江建中
责任编辑	吉雄飞(联系电话：025 - 83793169)
经　　　销	全国各地新华书店
印　　　刷	虎彩印艺股份有限公司
开　　　本	880mm×1230mm　1/32
印　　　张	11
字　　　数	210 千字
版　　　次	2019 年 5 月第 1 版
印　　　次	2019 年 5 月第 1 次印刷
书　　　号	ISBN　978 - 7 - 5641 - 8395 - 0
定　　　价	56.00 元

本社图书若有印装质量问题，请直接与营销部联系，电话：025 - 83791830。

序言 Preface

　　光阴荏苒,岁月青葱,不知不觉已经进入显示行业若干年了。期间偶尔会有机会重回校园学习,再一次感受到了久违的大学氛围。每周五天的工作,周末还要上课学习,的确很辛苦,但是每次一走进校园,看到那青春洋溢的年轻学子,和我年纪差不多大的老师们,疲劳感立刻不知所踪,一种回归的动力使人满血复活。每次上课我都不会迟到,也不会走神或开小差,因为我很珍惜这样的大段时间学习的机会,人生能有几次呢?!

　　可是学校的课本与行业的教材,一读就犯困。刚刚进入公司的新鲜社会人也会不断提问,就像当初入行的我们。问题好多,无从下手。请教前辈吧,一个又一个的跨学科专业背景知识,听得云里雾里的,好难好难;组织光电兴趣学习小组吧,应者寥寥,水平参差,效果惨不忍睹。

　　抱着人生就要不断尝试与总结的态度,将一些问题不断提出、收集、思考、解答与整理,终于完成了第 1 辑的编写。而光阴转瞬即逝,显示行业也正发生着剧烈变化,OLED、柔性、Micro-LED、量子点、喷墨印刷、有机半导体等一系列新型技术正逐渐出现在我们的生活中。怎样理解和适应这些变化,需要我们不断从历史中汲取经验,更要鼓起勇气不怕失败。作为技术者,不断学习、不断实践,就是我们的初心。希望本书第 2 辑能给大家带来些许鼓励,前行的道路上让我们一起不断努力。

本书内容纯属兴趣而成，不求任何期待。一经出版，意味着旅途的一段告一段落，休整补充完毕后又将投入下一个目标，这也许就是人类进步的原因吧。终点我们可能都不知道在哪，但是过程中我们经历的事、遇到的人，都将是我们最宝贵的收获和记忆，就像本书编写过程中的那些……永远会鼓励我们、安慰我们。

编　者

2019 年 2 月于南京液晶谷

目录 **Contents**

第 1 问　什么是 4Mask, 5Mask, 6Mask, 8Mask 工艺

目前,非晶硅阵列基板通用的是 5Mask 或 4Mask 工艺, IGZO 金属氧化物阵列基板通用的是 5Mask, 6Mask 或 8Mask 工艺。

如图 1 所示为非晶硅或 IGZO 阵列基板的 5Mask 工艺, 主要用于 TN, VA 模式,具体步骤包括:

第一道光刻工艺:形成栅电极图形,其主要作为扫描线走线、面板周边配线、端子部金属以及一些标记图案(标记图案用于接下来工序的对位基准);

第二道光刻工艺:形成半导体图案,即非晶硅岛(或 IGZO 半导体层),作为 TFT 沟道;

第三道光刻工艺:形成源漏金属层,主要包括数据线、TFT 源漏电极;

第四道光刻工艺:形成接触孔,主要存在于 TFT 漏极、跳线处以及端子区;

第五道光刻工艺:形成 ITO 电极,主要作为像素电极、端子表面电极、跳线连接等。

以上五道 Mask 相对成熟，良率也较为稳定。

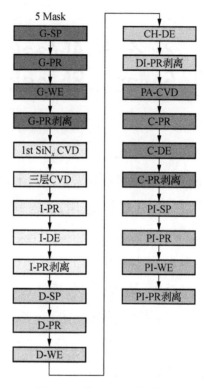

图 1　五道 Mask 工艺步骤

如图 2 所示为非晶硅或 IGZO 阵列基板的 4Mask 工艺，主要用于 TN，VA 模式。与 5Mask 工艺不同的是，4Mask 工艺将半导体层与源漏金属层采用同一道 Mask 制作，但是这一道 Mask 与普通 Mask 不同，它能对不同位置的光刻胶施加不同程度的曝光量。这种 Mask 有两种，一种是半色调掩膜板（Half-Tone Mask），另一种是灰阶色调掩膜板（Gray-Tone Mask）。

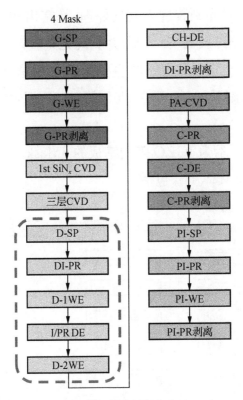

图2 四道Mask工艺步骤

4Mask区别于5Mask光刻工艺的步骤主要如下：

第一步：连续沉积非晶硅半导体层（或IGZO半导体层）和源漏金属层，非晶硅层采用CVD沉积（IGZO半导体层采用CVD成膜），而金属层采用PVD成膜。

第二步：涂布光刻胶。

第三步：对不需要金属的区域的源漏金属区的光刻胶进行曝光（不同的曝光量）、显影、刻蚀。金属采用湿刻，而非晶硅采用干刻（IGZO半导体层采用湿刻）。

第四步：对光刻胶进行灰化处理，暴露出沟道区金属，再进行金属湿刻以及 n$^+$ Si 干刻，并剥离光刻胶。

4Mask 与 5Mask 相比较主要是少了一道 Mask 制作以及相应的光刻胶涂布、曝光机显影工艺，因而节省了制作成本。

如图 3 所示为 IGZO 阵列基板的 6Mask 工艺，主要用于 VA 模式。其具体步骤包括：

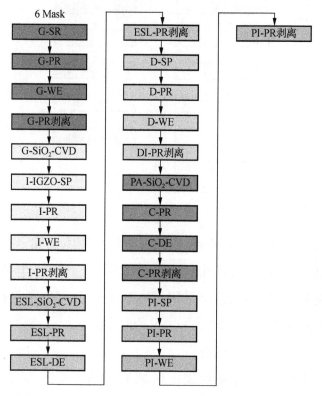

图 3　六道 Mask 工艺步骤

第一道光刻工艺：形成栅电极图形，其主要作为扫描线走线、面板周边配线、端子部金属以及一些标记图案（标记图案用于接下来工序的对位基准）；

第二道光刻工艺：形成半导体图案，即 IGZO 半导体层，作为 TFT 沟道；

第三道光刻工艺：形成刻蚀阻挡层图案，防止在进行源漏电极湿刻时损伤 TFT 沟道的 IGZO 层；

第四道光刻工艺：形成源漏金属层，主要包括数据线、TFT 源漏电极；

第五道光刻工艺：形成接触孔，主要存在于 TFT 漏极、跳线处以及端子区；

第六道光刻工艺：形成像素 ITO 电极，主要作为像素电极、端子表面电极、跳线连接等。

如图 4 所示为 IGZO 阵列基板的 8Mask 工艺，主要用于 FFS 模式。其具体步骤包括：

第一道光刻工艺：形成栅电极图形，其主要作为扫描线走线、面板周边配线、端子部金属以及一些标记图案（标记图案用于接下来工序的对位基准）；

第二道光刻工艺：形成半导体图案，即 IGZO 半导体层，作为 TFT 沟道；

第三道光刻工艺：形成刻蚀阻挡层图案，防止在进行源漏电极湿刻时损伤 TFT 沟道的 IGZO 层；

第四道光刻工艺：形成源漏金属层，主要包括数据线、

TFT 源漏电极；

第五道光刻工艺：形成第一接触孔，主要存在于 TFT 漏极、跳线处以及端子区；

第六道光刻工艺：形成 COM-ITO 电极，主要作为跳线连接 COM 电极等；

第七道光刻工艺：形成第二接触孔，主要存在于 TFT 漏极、跳线处以及端子区；

第八道光刻工艺：形成像素 ITO 电极，主要作为像素电极、端子表面电极、跳线连接等。

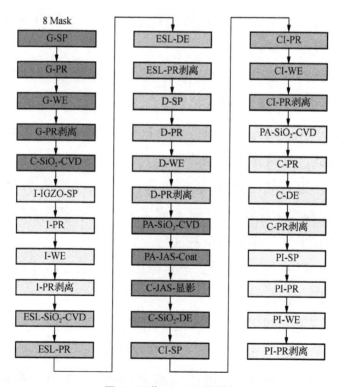

图4　八道 Mask 工艺步骤

第 2 问　什么是 IGZO-TFT 的 ESL,BCE 及共面型结构

目前,金属氧化物 IGZO-TFT 的结构主要分为刻蚀阻挡型(Etch Stop Type,简写为 ESL)、背沟道刻蚀型(Back Channel Etch Type,简写为 BCE)以及共面型(Coplanar Type)三种类型,按制作工艺则可分为 5Mask,6Mask 以及 7Mask。

如图 1 所示为非晶硅 5Mask-背沟道刻蚀型 TFT。其器件结构与工艺简单,成本低廉,但是载流子迁移率低。

图 1　非晶硅 5Mask-背沟道刻蚀型 TFT 结构

如图 2 所示为 IGZO 5Mask-背沟道刻蚀型 TFT。其设计上可共用非晶硅五道 Mask,并且在制程上只需要改变 PVD 及 CVD 原材料,但是在源漏电极层刻蚀时易导致前沟道恶化。

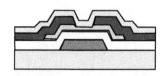

图 2 　IGZO 5Mask－背沟道刻蚀型 TFT 结构

如图 3 所示为 IGZO 6Mask－刻蚀阻挡型 TFT。其在 IGZO 沟道层上增加了一层 ESL，用来在源漏电极层刻蚀时保护前沟道不被损坏，使 TFT 特性明显改善。

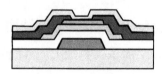

图 3 　IGZO 6Mask－刻蚀阻挡型 TFT 结构

如图 4 所示为 IGZO 7Mask－刻蚀阻挡型 TFT。通过增加一道 n^+ Mask 制程，降低了该 TFT 的源漏电极和沟道间的欧姆接触电阻，使 TFT 的开态特性得到了明显改善。

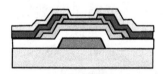

图 4 　IGZO 7Mask－刻蚀阻挡型 TFT 结构

如图 5 所示为 IGZO 5Mask 共面型 TFT。其仍为五道 Mask，在源漏电极层刻蚀时沟道不会被恶化，但是 IGZO 层易受外光影响。

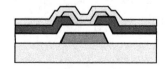

图 5 　IGZO 5Mask 共面型 TFT 结构

第3问 何为 HOMO 和 LUMO

HOMO 是英文 Highest Occupied Molecular Orbital 的简写,中文意思为最高占有分子轨道。

LUMO 是英文 Lowest Unoccupied Molecular Orbital 的简写,中文意思为最低空分子轨道。

HOMO 和 LUMO 的示意图如图 1 所示。

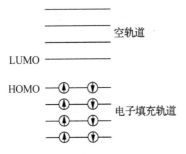

图1 HOMO 和 LUMO 示意图

HOMO 轨道是最高占有轨道,该轨道的能级水平最高,并且充满电子。在能级水平最高处,电子受原子核的束缚最小,因此最容易移动。

LUMO 轨道是最低空轨道,该轨道的能级水平最低,并且在这里可以填充电子。

两种材料接触时的 HOMO 和 LUMO 状况如图 2 所示，当注入载流子发光时，其原理如图 3 所示。

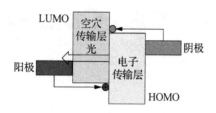

图 2　两种材料接触时的 HOMO 和 LUMO 示意图

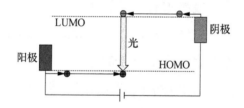

图 3　通过注入载流子发光的原理示意图

第4问　为什么 ACF 粒子或框胶内金球使用的是 Au 球或 Au & Ni 双层球

首先，ACF粒子或框胶内金球的作用是为了使上下电极导通，因此需要使用电阻率尽量小的金属，而Au的导电率可以符合欧姆级的接触阻抗。

同时，ACF粒子和金球在应用时会被挤压变形，因而树脂型塑料球是比较好的基材。在塑料上进行金属包覆，比较好的方法就是电镀，而能够满足对塑料包覆后的致密性（水氧侵入）、黏附性、表面光滑性，比较好的第1层的化学电镀法材料是铬和镍。

铬是重金属有毒材料，而镍虽然价格高，但相对铬来说是一个较好的选择。另外可通过化学置换法，在镍的表面镀上一层需要起导电作用的金。

当然也可以通过真空蒸镀直接在塑料球上镀金，但因要用到真空设备，成本会比化学电镀方法贵很多。需要指出的是，除了真空蒸镀外，还有溅射镀、离子镀等方法。

因此，ACF粒子或金球都为Au球或Au & Ni双层球。

第5问 OLED 中 Capping Layer 的作用是什么

为了说明 Capping Layer（覆盖层，通常在阴极之上，因此又称阴极覆盖层）的作用，我们先介绍一个定律——斯涅尔定律（Snell's Law）。

该定律因荷兰物理学家威理博·斯涅尔而命名，是一条描述光的折射规律的定律，即光入射到不同介质的界面上会发生反射和折射。在物理学的光学中，斯涅尔定律是描述光或其它的波从一个介质进入另一介质时入射角与折射角关系的一个公式，即入射角的正弦值与折射角的正弦值的比值为一定值，且此定值跟入射介质与折射介质有关。

斯涅尔定律 入射光和折射光位于同一个平面上，并且与界面法线的夹角满足如下关系：

$$n_1\sin\theta_1 = n_2\sin\theta_2$$

式中，n_1 和 n_2 分别是两个介质的折射率；θ_1 和 θ_2 分别是入射光和折射光与界面法线的夹角，叫做入射角和折射角。

在折射定律式中，若令 $n_1 = n_2$，则得到反射定律式，因此可以将反射定律看做折射定律的一个特例。当光由光密介质(折射率 n_1 比较大的介质)射入光疏介质(折射率 n_2 比较小的介质)时(比如由水入射到空气中),若入射角 θ_1 等于某一个角 θ_c 时,折射光线会沿折射界面的切线进行折射,即折射角 $\theta_2 = 90°$,此时会有 $\sin\theta_2 = 1$,则可推得 $\sin\theta_c = \sin\theta_1 = n_2/n_1$。如果入射角 θ_1 大于这一个角 θ_c 时,则入射角的正弦 $\sin\theta_1 > n_2/n_1$,会推得 $\sin\theta_2 > 1$。这在物理上是没有意义的,所以此时不存在折射光,而只存在反射光,于是便发生全反射。而使得全反射发生的最小入射角 θ_c 叫做临界角,它的值取决于两种介质的折射率的比值,即 $\theta_c = \arcsin(n_2/n_1)$。例如水的折射率为 1.33,空气的折射率近似等于 1.00,则临界角 $\theta_c = 48.8°$。

根据上面的表述,我们给出一个计算表(见表1)。

表1 膜层折射率计算表

材料	界面	相对折射率	临界角(°)	入射角(°)	出射角(°)	连续出射角(°)
空气	n_1	1.0	—	—	—	—
介质2	$n_2 \& n_1$	1.2	56.443	30	36.870	53.130
介质3	$n_3 \& n_2$	1.4	58.997	30	35.685	41.810
介质4	$n_4 \& n_3$	1.6	61.045	30	34.850	34.850
介质4	$n_4 \& n_1$	2.0	30.000	30	90.000	—

从表 1 中可知, 当光线从介质 4(相对折射率 2.0, 对介质 1 是光密物质)直接出射至介质 1(空气, 相对折射率 1.0, 对介质 4 是光疏物质), 临界角为 30°, 超过 30° 的光线将全部在介质 4 内进行全反射, 衰减耗尽。

但是, 当在介质 4 上面覆盖上介质 3(相对折射率 1.6, 对介质 4 是光疏物质), 那么当光线从介质 4(相对折射率 2.0, 对介质 3 是光密物质)直接出射至介质 3(相对折射率 1.6, 对介质 4 是光疏物质), 临界角变为 61.045°, 增加了 31.045°。

接着, 当在介质 3 上面再覆盖上介质 2(相对折射率 1.4, 对介质 3 是光疏物质), 则通过连续的相对折射率下降的介质层叠加, 使得原本不能出射的(全反射光线)大部分光线得以出射(光提取出器件)。

说到这里, Capping Layer 的作用就显而易见的。它其实就是在两个相对折射率差值较大的介质之间插入相对折射率接近中间值的介质, 用以增加临界角, 从而增大了各层介质的入射角, 使得原本出不去的光线能够折射出去。有实验指出, 通过这种方法可以提高出光效率达 1 倍以上。

第6问　为什么 ITO 膜有点黄

ITO 是英文 Indium Tin Oxides 的简写,中文意思为铟锡金属氧化物,具有很好的导电性和透明性,在显示行业中常常作为透明电极来使用,如 COM ITO 电极、触控电极等。

某一物质作为透明电极来使用的话,需要其具备以下条件:对于人眼可见光范围 380～780 nm 波长的光,要有高透过率和高导电率。具体的量化指标是在 550 nm(绿光波长,因为人眼对绿光最敏感)波长下的透过率达 80% 以上,面阻抗为 1000 Ω/sq 以下或者大于 1000 S/m 的导电率。ITO 薄膜可以符合这些要求。

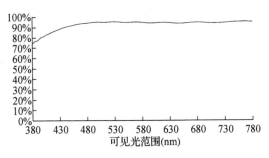

图 1　ITO 薄膜的可见光范围透过谱(厚度为 500 nm,220 ℃退火的 ITO 薄膜)

从图 1 所示 ITO 薄膜的可见光范围透过谱可以看出,在 380～480 nm 波长的蓝光部分,ITO 的透过率明显变低,也就是说蓝光被 ITO 吸收了很多;而 500～580 nm 波长的绿光与 620～780 nm 波长的红光部分透过率变化不大。因为绿光和红光透过很多,蓝光略少,而绿光和红光混色后呈黄色,所以人眼会感觉 ITO 膜有点黄。

下面我们略讲一下透过率和导电性的平衡问题。为了确保透明电极的优秀性能,一定要平衡好电极的厚度、阻抗与导电率、透过率之间的关系。

对电路中的电流所起阻碍作用就叫阻抗,其与物体长度成正比,与厚度成反比。物体越长越薄,则阻抗就越大,导电率越小;相反,物体越短越厚,则阻抗就会越小,导电率越大。

能带是晶体内电子运动的轨道,其中导带(Conduction Band)是电子可存在的领域,价带(Valence Band)是完全填满电子的带。

能带隙(Band Gap)是电子不可存在的领域。能带隙的大小决定电子能否移动至导带,是决定导电率的重要因素。

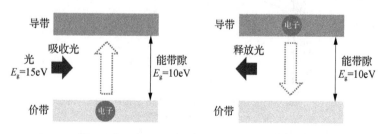

图 2　电子吸收光被激发与回落价态的示意图

如图 2 所示,如果价带的电子被激发,移动到导带参与导电,需要吸收掉大于能带隙能量的光;吸收掉大于能带隙能量的光后,电子从导带下降至价带时会释放与能带隙同样波长的光,多余的能量会以热辐射等方式消耗掉。

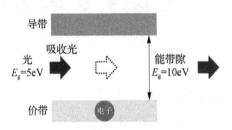

图 3　无法激发电子与光透过示意图

如图 3 所示,如果吸收小于能带隙能量的光,电子是无法穿过能带隙到达导带的,也就是说光无法被吸收直接穿透,所以人眼所见是透明的。

一般而言,能隙带比 3.26 eV 大的物体在可见光范围是透明的。而 ITO 是一种宽能带薄膜材料,其带隙一般为 3.5~4.3 eV,因此 ITO 在可见光范围是透明的。至于为什么会发黄,可能是 ITO 薄膜的成膜质量不高,导致能隙带小于 400 nm 波长蓝光光子的能量 3.1 eV,吸收了一部分蓝光所致。

第7问 为什么在液晶显示中光致量子点需要外置

　　量子点(Quantum Dot,简写为 QD)也称半导体纳米晶体(Semiconductor Nano-Crystal),是由少量原子组成的、三个维度尺寸通常是 1~100 nm 的零维纳米结构。

　　量子点发光模式有两种,一种是量子点作为光转换介质的光致发光,另一种是利用量子点直接作为发光点的电致发光。

　　量子点受到光照射时,除吸收某种波长的光之外,还将发射出比原来所吸收光波长更长的光,称之为光致发光。

　　量子点吸收激发光子能量后,处于价带中的电子跃迁到导带,并很快释放出能量又重新回到价带。若电子返回时以发射光辐射的形式释放能量,称为发光。

　　如图 1 所示,能级间隙随着量子点晶粒大小而改变,晶粒越大,能级间隙越小;晶粒越小,则能级间隙越大。而量子点尺寸越小,发光颜色越偏蓝;反之,量子点尺寸越大,发光颜色越偏红。

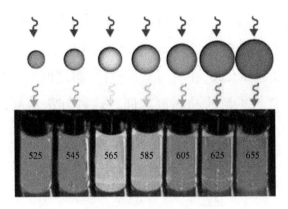

图1　不同直径的量子点激发的光波长示意图

电致发光量子点一般采用类似有机发光二极管(Organic Light Emitting Diode,简写为 OLED)的三明治结构。也就是在电子和空穴传输层之间夹着一层量子点薄膜,在外加电场作用下电子和空穴迁移进入量子点膜层,并在此处复合形成激子,激子从激发态回落到基态的过程中放出光子,称为电致发光。

在液晶显示中使用的是光致发光的量子点技术。如图2所示,其一般有以下3种结构:

(1) On-Chip(在芯片上)是直接将量子点材料按放在蓝色 LED 芯片上,可以最大化量子点效率,且量子点材料消耗仅约为 On-Surface 的万分之一。这种方法要求量子点材料在高温环境下保持稳定,且封装技术要求高。

(2) On-Edge(在边缘上)是将量子点密封在细玻璃管中,并安装在侧入式背光的导光板的 LED 光入射部。由于侧入式 LED 背光相较整个显示屏面积小得多,该方法消耗的量子点较少（约为 On-Surface 用量的百分之一），但对量子点的稳定性要求较高。

（3）On-Surface（在表面上）是将薄膜之间夹有量子点的膜片贴在背光源与液晶面板之间。这种方法消耗的量子点材料较多，但技术成熟。

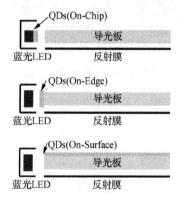

图 2　不同结构的光致量子点背光结构示意图

下面我们回顾一下液晶显示的原理。如图 3 所示是 TN 型常白模式的工作状态。当不加电压时，自然光经过上面的偏光板（俗称下偏光板）变成线偏振光进入液晶盒，这时液晶分子从上到下呈扭曲排列，对线偏振光有旋光和双折射效应，到达下面的偏光板（俗称上偏光板）的线偏振光被旋转90°后平行于下面的偏光板的透过轴出射，显示白态；当加电压时，自然光经过上面的偏光板变成线偏振光进入液晶盒，这时液晶分子从上到下受电场作用垂直于电场排列，对线偏振光没有旋光和双折射效应，到达下面的偏光板的线偏振光保持振动方向垂直于下面的偏光板的透过轴被吸收，显示暗态。

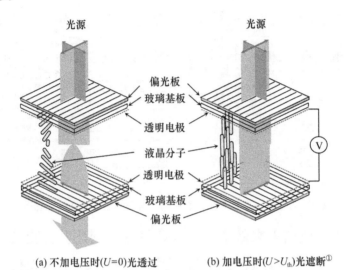

(a) 不加电压时(U=0)光透过   (b) 加电压时(U>U_{th})光遮断①

图3　TN型常白模式的工作状态

那么问题来了:上面介绍的在液晶显示中使用光致发光的量子点技术的3种结构中,量子点都是在液晶盒的外面(外置),或者说都是在偏光板的外面,那能否将量子点做到液晶盒里面(内置)呢?

要回答这一问题,其实只要回答量子点会不会改变光的偏振方向。

如图4所示,假设量子点会改变光的偏振方向,那么液晶的调制作用就会失效,液晶模式就会失败,内置也就不可行了(俗称漏光)。

———————

① 配向膜省略。

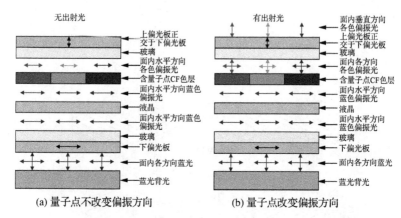

(a) 量子点不改变偏振方向　　　　　(b) 量子点改变偏振方向

图4　内置量子点改变和不改变偏振状态的液晶光透过示意图

下面我们再来做个小实验解答这一问题。实验其实很简单,即将量子点膜设置在正交的上偏光板、下偏光板中间进行亮度测量与计算。

如图5所示,首先测量无量子点膜的正交偏光板模式下背光亮度与出射光亮度,然后计算背光亮度与出射光亮度之比。实验结果是对比值在200以上,说明只有很少光出射,正交偏光板消偏良好。

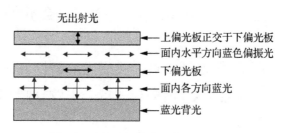

图5　正交偏光板模式下光透过示意图

如图6所示,然后测量有量子点膜的正交偏光板模式下背光亮度与出射光亮度,再计算背光亮度与出射光亮度之比。实验结果是对比值仅为个位数,从而可以知道:量子点改变了偏振光的偏振方向,将原来理应被上偏光板截止的光透了出去。

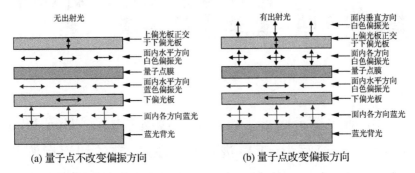

(a) 量子点不改变偏振方向   (b) 量子点改变偏振方向

图6 正交偏光板模式下内置量子点改变和不改变偏振状态的光透过示意图

由此得出结论:量子点改变了光的偏振方向。

既然结论是量子点在液晶显示中不能内置(也就是量子点一定要放在下偏光板之前,或放在上偏光板之后),那么有没有可能打破这个"魔咒"? 这里我们提供两个"伪办法",一个办法是将上偏光板内置进液晶盒(例如金属光栅)并靠近液晶层,不在玻璃外面而在玻璃里面,量子点混入彩膜中;另一个办法是将量子点换成量子棒(同时具备光转换和光起偏功能),直接将各向都有的自然光调制成偏振光。目前这两个办法的对比度非常低,不过技术在进步,只要肯下功夫,一定能够成功。

第8问 为什么在 LTPS 制程中需要高温去氢工艺

主动式显示面板主要是依靠薄膜晶体管(Thin Film Transistor,简写为 TFT)进行像素驱动,它的沟道有源区(Active Region)材料以硅材料为主,技术上大体可以分为非晶硅(Amorphous Silicon,简写为 AS)、低温多晶硅(Low Temperature Polysilicon,简写为 LTPS)和高温多晶硅(High Temperature Polysilicon,简写为 HTPS)三种。其中低温多晶硅技术的电子迁移率等特性优异,且制程相对容易,在 6代线及以下世代线获得了良好的应用。

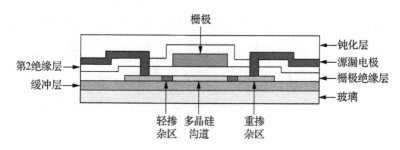

图 1 典型的轻掺杂漏极型 LTPS-TFT 结构示意图

如图 1 所示,是一个典型的轻掺杂漏极(Lightly Doped Drain,简写为 LDD)型 LTPS-TFT 的结构。其衬底是无碱显示级光学玻璃,首先在上面生长一层二氧化硅(SiO_2)或双层二氧化硅/氮化硅(SiO_2/SiN_x)结构的缓冲层,以防止玻璃中的金属离子扩散至低温多晶硅有源区,来降低缺陷态的形成和漏电的产生。氮化硅层相比于二氧化硅层,具有相对更高的介电常数(二氧化硅为 4 左右,氮化硅为 6~8),具有更好的耐击穿特性和防渗透能力,也具备氢化修补的功能。通过等离子增强型化学气相沉积(Plasma Enhanced Chemical Vapor Deposition,简写为 PE-CVD)工艺制作的氮化硅,它的氢含量一般在 10^{22} cm^{-3} 左右。

然后生长非晶硅层,之后对非晶硅层进行多晶化。多晶化工艺分为直接型多晶化技术和再结晶型多晶化技术,这里用的是再结晶型多晶化技术,有固相晶化法(Solid Phase Crystallization,简写为 SPC)、金属诱导横向晶化法(Metal Induced Lateral Crystallization,简写为 MILC)与激光晶化法(Laser Crystallization,简写为 LC)。固相晶化法是通过温度提升、表面等离子体处理或金属触媒的方式,均匀成核结晶来形成多晶,一般需要 600℃ 以上高温和 24 h 以上的晶化时间,成本很高。金属诱导横向晶化法主要是指镍金属诱导横向晶化法(Ni-MILC),它首先析出镍金属硅化物,再以镍硅化物($SiNi_2$)作为诱导多晶硅的来源基础。镍硅化物的自由能较非晶硅低,镍离子在非晶硅薄膜中的扩散系数较高,因此通过镍离子在非晶硅中的扩散反应形成硅化物,持续扩张再结晶,从而形成多晶。激光晶化是通过非晶硅薄膜对某种波长激光的吸收,使得非晶硅薄膜表面发生瞬间熔融,经由热的传导与再凝固晶化成为多晶。

如果使用的缓冲层是双层二氧化硅/氮化硅结构,那么在进行激光晶化工艺时发生的瞬间高温会引起氢爆现象,导致缺陷发生。该现象可以在激光晶化工艺前,通过去氢烘烤工艺来解决,当然最好使用氢含量极低的单层二氧化硅结构。

轻掺杂漏极是以较低的剂量注入栅极内侧的源极与漏极间,精确控制注入的离子量,使其介于源极与漏极端的掺杂和通道掺杂浓度之间,以达到在漏极与源极端具有高的串联电阻值,形成一浓度缓冲区,借此来降低此区域的源、漏极端边缘电场梯度,减缓电场增强导致产生漏电流,以及避免热载流子效应地发生。

第9问　为什么负性液晶的透过率比正性液晶高

　　1888年,奥地利植物学家 F. Reinitzer 在观察花粉运动的过程中发现了一种名叫安息香酸胆固醇酯(Cholesteryl Benzoate)的物质。将这种物质加热到145.5 ℃时会变成乳白色黏稠液体,继续加热到178.5 ℃时则会变成完全透明的液体,并且降温过程中的变化也同升温时一致,由此发现了热致液晶——在热的作用下产生的一种液晶相态。法国人 Otto. Lehmann用偏光显微镜确定这个中间相态兼有液体的流动性和晶体的光学各向异性,将其命名为液晶。

　　显示用的液晶分子多为棒状分子,我们用 $\varepsilon_{/\!/}$,$\varepsilon_{\perp}$ 分别表示液晶棒状分子长轴和短轴的极性大小。液晶分子具有介电常数各向异性($\Delta\varepsilon = \varepsilon_{/\!/} - \varepsilon_{\perp}$),当平行介电常数大于垂直介电常数时 $\Delta\varepsilon > 0$,为正性液晶;当平行介电常数小于垂直介电常数时 $\Delta\varepsilon < 0$,为负性液晶。在进行电场驱动液晶分子转动时,正性液晶分子沿平行于电场方向排布,负性液晶分子则沿垂直于电场方向排布。

如图 1 的左边所示,是正性液晶分子在边缘场开关型(Fringe Field Switching,简写为 FFS)像素结构的驱动电场里的分布情况。在水平面内的平行电极端的电力线由于边缘电场的作用会微微翘起,与另一电极之间形成一个拱桥结构。正性液晶分子会沿着这个拱桥结构的桥面平行排列,这时桥两侧倾斜面上的液晶分子相对于水平面有一个翘起的角度,称为倾角(Tilt Angle)。垂直于水平面入射到这一部分液晶的光,会由于翘起的倾角在水平面上的 x 和 y 方向上产生光的折射率差(位相差),这个位相差会引起消光,从而降低透过率。

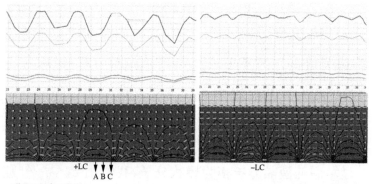

C位置TR最高(E_y最强)

B位置周围液晶分子倾角+LC>-LC

电极中心A的E_y最弱,A位置LC旋转主要取决于B周围的LC分子,使用-LC,A位置的旋转角度远大于+LC

图1　正负液晶分子在边缘场开关型像素结构的驱动电场里的分布模拟图

如图 1 的右边所示,是负性液晶分子的分布情况。负性液晶分子会沿着这个拱桥结构的桥面垂直排列,这时桥两侧倾斜面上的液晶分子垂直于桥中心线。液晶分子是平行于水平面的,同时也是平行于桥面的,并没有任何相对于水平面翘起的角度,所以垂直于水平面入射到这一部分液晶的光不会产生水平面上的 x 和 y 方向上光的折射率差,从而也就不会发生降低透过率的问题。

负性液晶相比于正性液晶表现出较高的穿透率,一般可以提升面板透过率的 $10\%\sim15\%$。

当然负性液晶也有一些缺点,例如负性液晶材料旋转黏滞系数较大,响应时间会比较慢;负性液晶材料纯化较难,杂质离子含量较高,容易发生残像等不良问题。但这些缺点都是可以克服的,这里就不一一赘述了。

第10问 什么叫做欧姆接触

在显示器背板中,作为驱动元件的薄膜晶体管(Thin Film Transistor,简写为 TFT)是一种半导体器件,它的源漏电极与半导体层接触的好坏将直接影响到器件的开关特性,如开态电阻、漏电流等。下面我们简单介绍一下这种接触。

金属与半导体的接触(Metal-Semiconductor Contact),即 M-S 接触是制作半导体器件时一个非常重要的问题,接触界面的性质将直接影响器件的电流输运性能。M-S 接触可分为肖特基接触(Schottky Contact)与欧姆接触(Ohmic Contact)两种类型。肖特基接触区的 I-U(电流－电压)特性曲线是非线性的,呈现出整流效应,利用此效应制作的肖特基势垒二极管(Schottky Barrier Diode,简写为 SBD)拥有优异的高频特性,广泛应用于高速集成电路和微波技术等领域。区别于肖特基接触,欧姆接触区的 I-U 特性曲线是线性的,不产生明显的附加阻抗,且不会使半导体内部的平衡载流子浓度发生显著变化。理想的欧姆接触的接触电阻远小于半导体器件电阻,当有电流流过时,欧姆接触区的电压降远小于半导体器件本身的电压降。

理论上,在不考虑半导体表面态的影响时,当金属的功函数 φ_m 小于 n 型半导体材料的功函数 φ_s,M-S 接触会使金属中的电子流向半导体,从而在半导体表面形成负的空间电荷区,电子浓度比体内大得多,这一高电导区域称为反阻挡层;而当 $\varphi_m > \varphi_s$ 时,金属与 p 型半导体材料接触也会形成反阻挡层。高电导的反阻挡层没有整流特性,因而选择适当的材料就能构成欧姆接触。但实际上金属的功函数一般均高于常见半导体材料,Ge,Si,GaAs 等常用半导体材料均有很高的表面态密度,无论 n 型或 p 型材料与金属直接接触都会形成势垒,而与所选金属材料的功函数基本无关。

现行的欧姆接触主要是利用金属与重掺杂的 n 型半导体接触实现的。掺杂浓度升高,势垒区厚度变小,电子将通过隧穿效应产生相当大的隧道电流,甚至超过热电子发射,当隧道电流占据主导地位时,M-S 接触电阻就变得很小,接近理想的欧姆接触。

欧姆接触的界面电阻虽然在理论上可计算得到,但实际中是无法直接测量的。这是因为接触区电阻实际测量中将混有界面下的电流弯曲、电流边缘聚集、电流扩展等附加电阻,附加电阻与测试点之间的阻值很有可能超过接触电阻。对于薄膜材料的欧姆接触测试常用界面接触电阻直接测定法,其示意图如图 1 所示。

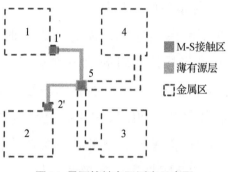

图1　界面接触电阻测定示意图

图中,1区域与2区域下方均为半导体的薄有源层,且与周围隔离,沉积 SiO_2 作为绝缘层,裸露出 1′,2′和5区域成通孔制作欧姆接触,此外1,2,3,4,5和3-4连接区域均蒸镀与 SiO_2 绝缘层有较强结合力的金属。器件制作完成后在1-3之间通过稳定的恒流源通入电流 I,在2-4间测定电压 U,则 U/I 的值即为5区域的电阻值 R_c。因电流通道与电压通道是相互正交的,所以电压表测到的仅仅是流过5区域界面的垂直电压降,再乘以5区域的面积值即可得到电阻率。

这种直接测量的方法仍然会受到寄生电阻的影响,主要是侧面电流聚集使得5区域的电流分布不均匀,边缘的电流密度会增大。此外还存在合金化后接触区域方块电阻的变化问题,尤其当原先高电导薄层中载流子浓度不高时方块电阻变化将更为显著。

而在实际的制造过程中,光刻掩膜的使用致使窗口边宽与电流通道尺寸不一致,对位过程中产生的位移会在器件上留下了寄生面积,使得接触电阻增加,因此在留有合适的工艺余量基础上,光刻掩膜的对位误差应尽可能小。如图 2 所示的六端界面接触电阻测试方法中,除了直接测出界面电阻外,在 1-3 间通电流 I,测 4-5 间电压 U,即可得到 R_c 的值。这种方法在集成电路研究中使用较多。

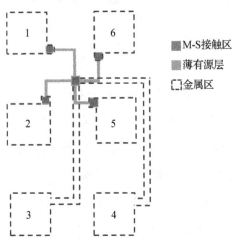

图 2　六端界面接触电阻测定示意图

第11问 什么是压延铜与电解铜

柔性印刷电路板(Flexible Printed Circuit,简写为 FPC)在显示面板和模组上经常被使用,如 COF(Chip On Film),这个 FPC 上会有一层薄薄的铜金属,使用覆铜工艺形成。目前主流的覆铜工艺有两种,即压延铜工艺与电解铜工艺。

压延铜就是将高纯度(大于99.98%)的铜用碾压法贴在 FPC 上。FPC 与铜箔有极好的黏合性,并且铜箔的附着强度和工作温度较高,可以在 260 ℃的熔锡中浸焊而无起泡。通过碾压的方法得到铜箔,优点是耐弯折度好,但导电性弱于电解铜。

电解铜,顾名思义就是通过电解的方法使铜离子吸附在基材上而形成铜箔。例如 $CuSO_4$ 电解液能不断制造出一层层的"铜箔",且时间越长铜箔越厚,这样我们就容易控制其厚度。其优点是导电性强,但耐弯折度相对较弱。

控制铜箔的薄度主要基于两个理由,第一是均匀的铜箔可以有非常均匀的电阻温度系数,这样能让信号传输损失更小;第二是薄铜箔通过大电流时温升较小,这对于散热和元件寿命都大有好处。从外观上看,电解铜发红,压延铜偏黄。

对于一块全身包裹了铜箔的 FPC 基板,如何在上面安放元件来实现元件到元件间的信号导通而非整块板的导通呢?其实基板上弯弯绕绕的铜线就是用来实现电信号传递的,因此我们只要蚀掉铜箔中不用的部分,留下铜线部分就行。

如何实现这一步呢?首先,我们需要了解一个概念,那就是"线路底片"(也称为"线路菲林")。我们将基板的线路设计用光刻机印成胶片,然后把一种主要成分对特定光谱敏感而发生化学反应的感光干膜覆盖在基板上。干膜一般分两种,即光聚合型和光分解型,其中光聚合型干膜在特定光谱的光照射下会硬化,由水溶性物质变成水不溶性物质;光分解型干膜则正好相反。

将光聚合型感光干膜覆盖在基板上,然后在上面再覆盖一层线路胶片让其曝光,曝光的地方呈黑色不透光,反之则是透明的(线路部分)。光线通过胶片照射到感光干膜上,结果会怎么样?凡是胶片上透明通光的地方,干膜颜色变深且开始硬化,紧紧包裹住基板表面的铜箔,就像把线路图印在基板上一样。接下来我们通过显影步骤,使用碳酸钠溶液洗去未硬化干膜,让不需要干膜保护的铜箔裸露出来,此称为脱膜(Stripping)工序。再接着我们使用铜蚀刻液(腐蚀铜的化学药品)对基板进行蚀刻,则没有干膜保护的铜"全军覆没",而硬化干膜下的线路图在基板上呈现出来。以上整个过程叫做光刻工艺。

第12问 什么是3D结构光技术

3D结构光的基本原理是结构光投射特定的光信息到物体表面后由摄像头采集,再根据物体造成的光信号的变化来计算物体的位置和深度等信息,进而复原整个三维空间(如图1所示)。

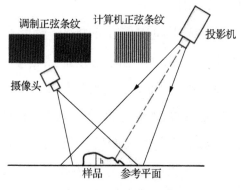

图1 结构光测物示意图

结构光的类型分为几种,例如点结构光、线结构光、面结构光等。结构光投射到待测物表面后被待测物的高度调制,被调制的结构光经摄像系统采集,传送至计算机分析计算后可得出被测物的三维面形数据。

这里的调制方法可分为时间调制与空间调制两大类。时间调制方法中最常用的是飞行时间法（Time of Fly，简写为 ToF），该方法记录了光脉冲在空间的飞行时间，再通过飞行时间计算出待测物的面形信息；空间调制方法是利用结构光场的相位、光强等性质被待测物的高度调制后都会产生变化，通过读取这些性质的变化可得出待测物的面形信息。下面我们主要介绍一下飞行时间法。

所谓飞行时间法，即通过给目标连续发送光脉冲，然后用传感器接收从物体返回的光，通过探测这些发射和接收光脉冲的飞行（往返）时间从而得到目标物距离（如图 2 所示）。

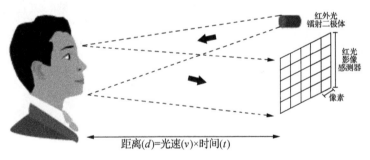

红外光镭射二极体

红光影像感测器

像素

距离(d)=光速(v)×时间(t)

图 2　飞行时间法测距示意图

军事上和无人驾驶汽车上所用的工业级激光雷达也采用了 ToF 技术，即利用激光束来探测目标的位置、速度等特征量，再结合激光、全球定位系统（GPS）和惯性测量装置（IMU）三者的作用进行逐点扫描来获取整个探测物体的深度信息。

手机的人脸识别也使用了此技术，器件主要由光源、感光晶片、镜头、传感器、驱动控制电路以及处理电路等组成。其中包括了两部分的核心模块,分别是发射照明模块和感光接收模块,通过这两大核心模块之间的相互关联来生成深度信息。

此外,感光晶片根据像素单元的数量分为单点式感光晶片和面阵式感光晶片。为了测量整个三维物体表面位置深度信息,可以利用单点式 ToF 相机通过逐点扫描方式获取被探测物体三维几何结构;也可以通过面阵式 ToF 相机,拍摄一张场景图片即可实时获取整个场景的表面几何结构信息。

第13问　什么是全面屏

全面屏是手机业界对于超高屏占比手机设计的一个比较宽泛的定义，字面上的解释就是手机的正面均为屏幕，手机四周的边框位置都是采用无边框设计，追求接近100%的屏占比。受限于目前的技术，业界宣称的全面屏手机其实只是超高屏占比的手机，还未能做出手机正面屏占比达100%的手机。目前业内所说的全面屏手机通常是指真实屏占比达到80%以上，拥有超窄边框设计的手机。如图1所示为某一公司推出的高屏占比手机。

图1　高屏占比手机

全面屏有什么好处？首先是美观，全面屏可以让设计者突破以往手机的约束，设计出更华丽的造型；其次对智能手机而言,大屏幕和好手感一直就像是鱼与熊掌难以兼得,但全面屏手机的出现似乎有效地解决了这一难题;另外,全面屏也为我们带来了更好的视野,可以在同样大小的手机模具中装入更大的屏幕。

目前市场上刘海全面屏手机盛行,笔者以为其原因有以下两点:

(1)支援脸部识别。iPhone X 移除了 Home 键而改用 3D 脸部识别(Face ID),可以说是为"脸部解锁"开创了新的时代。而 iPhone X 的 Face ID 之所以可以如此顺利地运行,最关键的其实在于刘海底下藏了 True Depth 相机模组、距离/光源感测器等元件,可以侦测人脸上数以万计的特征点,比起单靠 2D 平面扫描,整体的安全性以及辨识精准度有了大幅地提升。

(2)操作系统。谷歌新一代的作业系统 Android P 很有可能会针对有刘海的机种设计专属的 UI 界面,这也导致未来势必会出现更多的安卓刘海手机。对于如何配合各家手机刘海大小不一,以及如何提高用户的更新率,这就需要谷歌好好费心了。

第14问　什么是烧屏

　　"烧屏"这一说法其实存在某种误导性,因为屏幕并没有真正燃烧或者过热。烧屏是用来描述屏幕面板的某个部位发生永久性的变色,表现形式可能是文字、图像轮廓、色彩减弱,或者其它可感知的屏幕图案和色块。

　　发生烧屏的屏幕仍然能够正常工作,但是点亮屏幕后可以发现明显的幽灵影像残留(如图1所示)。一块屏幕被认定为烧屏需要满足两个条件,第一是影像残影必须是永久性的;第二是影像残留必须是由显示元器件硬件引发的缺陷,而由软件或者驱动引起的显示问题不属于烧屏。

图1　烧屏现象

烧屏问题一般在 OLED 屏幕经历过长时间的亮屏使用之后发生,因此对智能型手机而言,虚拟导航按钮和状态栏这两块区域是最常发生烧屏现象的位置。至于 OLED TV,烧屏现象最常发生于电视台的台标处。不过,随着 OLED 技术的进步,烧屏现象已有大幅的改善;此外,像 LG,SNOY 等电视厂商也都在电视上附加防烧屏的功能,在电视长时间运行后软件会自动运行面板刷新功能,从而解决烧屏的问题。

烧屏现象发生的根本原因在于显示发光器件的生命周期不同。OLED 屏幕的发光元器件类似 LED 灯,由红、绿、蓝三种颜色的 OLED 组成 OLED 屏幕的子像素。LED 灯随着使用时间的增加会出现亮度降低的情况,烧屏就是 OLED 面板使用的红色、绿色和蓝色子像素之间的老化差异。

屏幕显示器件老化,其亮度发生变化,面板颜色也逐渐随时间而变化。这种颜色偏移虽然可以用一些软件来减轻,但是屏幕某些区域的老化速度会比其它区域更快,慢慢将演变成和其它部分显示不一样的颜色,即形成所谓的残影。

第13问　什么是喷墨挡墙

　　喷墨印刷技术作为当前两大主流数字印刷技术之一(另一个是激光打印技术),因其直接喷射墨滴而具有独特的优势,墨水从墨滴发生器到承印材料的转移过程不需要任何中间介质帮忙,效率极高。尤其在显示行业中,喷墨印刷技术比传统的光刻技术和蒸镀技术要简单很多,并且可以节省大量材料。因此,在 LCD 彩色滤光片的 RGB 色层、OLED 或 QLED 各功能层的图形制作上,已经开始出现喷墨打印的身影了。

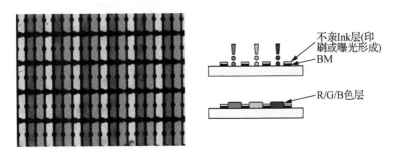

不亲Ink层(印刷或曝光形成)
BM
R/G/B色层

图1　喷墨打印 LCD 彩色滤光片的 RGB 色层的示意图

　　如图 1 所示,是喷墨打印 LCD 彩色滤光片的 RGB 色层的示意图。首先在玻璃基板上光刻形成黑色矩阵（Black Matrix，简写为BM）；然后在BM上印刷或曝光形成不亲Ink层图形（氟素化合物）；接着通过等离子气表面处理或UV照射等方式，降低基板像素区的表面能和接触角，使其亲Ink；最后喷射R，G，B墨滴进入像素区，形成RGB色层图形。

如图2所示，介绍的是两种形成亲Ink和不亲Ink图形区的彩色滤光片的制造工艺。综合理解，就是要先形成不亲Ink的挡墙（Bank）（由BM以及不亲Ink层构成），然后形成亲Ink的基板像素区，最后将墨滴准确滴入亲Ink的基板像素区。

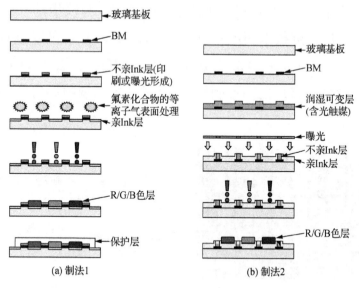

(a) 制法1   (b) 制法2

图2　两种形成亲Ink和不亲Ink图形区的彩色滤光片的制造工艺示意图

这个挡墙看似很简单，实际是一种高精尖技术的成果，价格也很昂贵。

　　作为挡墙材料，它要具备以下特性：一是不亲 Ink 性；二是和下基板的黏附性要好；三是线宽精细度高，且越窄越好（高 PPI 的要求）；四是锥角（Taper Angle）要适当小一点，不然上面的配线如 ITO 等爬坡时容易断线；五是不与接触材料反应；六是物理化学稳定性高（防化、防热、防光）。

　　挡墙通过成膜、曝光、显影等光刻工艺形成（请注意：这里由于挡墙本身是光刻胶，所以也就没有剥离工艺了）。当挡墙材料是负性光刻胶的时候，如图 3 所示，照光的地方留下来，形成挡墙区，没有照光的地方材料被显影掉，形成喷墨像素区，后续打印进墨滴。由于挡墙材料具有一定的透过率，当掩模版边缘部分的光线照射进挡墙层材料时会在基板上发生反射、折射、散乱现象，使得挡墙层的 Scum（残渣）区的材料也会发生部分光敏反应，最后在显影完成后留下来，形成锥角更小的 Scum 区。

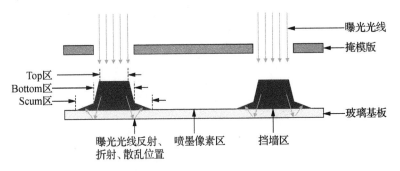

图 3　挡墙光刻工艺中 Scum 区形成示意图

Scum 区可以延缓后续膜层的爬坡角度，防止断线发生，但也会增加线宽，使得高 PPI 难以实现，因此还是没有为好。那么为什么要用负性挡墙材料呢？正性就没这个问题，但正性的挡墙材料没有独门专利，负性的各家厂商是有专利的，可以进行垄断。

第16问　什么是薄膜封装

OLED 非常容易受到水、氧气破坏,影响显示品质。刚性 AM-OLED 可利用玻璃盖板作为阻隔水与氧气的材料,但柔性 AM-OLED 面板无法使用玻璃进行封装,同时出于挠曲性考虑,从而诞生了薄膜封装(Thin Film Encapsulation,简写为 TFE)技术。

在无机薄膜制程技术方案中,最早由 Vitex 公司提出以 Sputter 方式制作 Al_2O_3 薄膜作为阻气层,但在量产过程中出现不易控制的微粒问题(如图 1 所示),阻气特性也并不比其它薄膜好,因此渐渐发展以 PE-CVD 制程所制造出来的 SiN_x 或 SiO_x 来作为 OLED 薄膜封装阻气层,对应 OLED 的阻气层之 WVTR 要求极高,通常需要 10^{-6} g/(m^2 · day)。

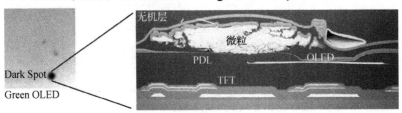

图 1　微粒导致 OLED 无机薄膜封装失效示意图

此外，为了应力平衡、可挠曲性等问题搭配了有机薄膜层，主流为使用 Kateeva 的喷墨印刷（Ink Jet Printing）技术制作有机薄膜，与无机薄膜交错堆叠（如图 2 所示）。

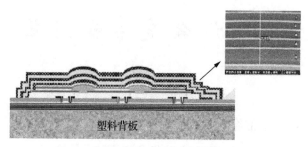

塑料背板

图 2　有机/无机层薄膜 5 层堆叠示意图

目前，在 PE-CVD 制程上无法依靠单一腔体连续沉积薄膜（因为要减少无机薄膜在大量生产时所产生的缺陷问题，尤其是微粒控制能力相当重要），需要依靠多腔体来增加产能，并且在制作一定的片数后腔体就必须进行自我清洁。而有机层与无机层之堆叠结构，有一部分作用也是为了修补缺陷，避免无机薄膜缺陷连续延伸，延长水、氧气进入信道影响组件的路径（如图 3 所示）。

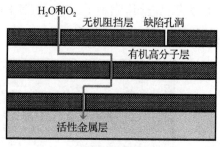

图 3　水、氧气在封装薄膜缺陷中穿透示意图

第17问 什么是照度和亮度

照度（Illuminance）是入射在包含该点的面元上的光通量 dΦ 除以该面元面积 dA 所得之商，单位为勒克斯（lx），即

$$1 \ lx = 1 \ lm/m^2$$

照度是一个客观存在的量，与被照面和人的感受无关。根据人们的经验和不断总结，相关标准规定办公室的作业面照度为 500lx，在这样的视觉环境下人们可以长时间工作。在一般情况下，设计的照度值与照度的标准值相比较，可有不超过 ±10% 的偏差。照度是一个矢量，有大小和方向性，所有照度都可分解为不同方向上（即角度上）的照度值。

亮度（Luminance）是指发光体表面发光强弱的物理量，单位为坎德拉每平方米（cd/m^2）。

亮度是一个客观测量值，由空间环境、光线强度及方向等因素决定。反映在我们眼睛中的亮度称为视亮度，它是观察者的一个主观评估值，表示反射的可见光有多少进入人眼而被感知。视亮度在很大程度上取决于被照表面的亮度，但是和其它因素也有关，如观察者的年龄、观察者视野内的总

体光亮度分布,即使两个具有相同亮度的表面可能也会让人产生不同的明亮感。如图1所示,其中的灰色方块在白色背景的衬托下看上去比在黑色背景的衬托下颜色更深一些,但实际上亮度相同。同时亮度还有入射和出射两种亮度分别,如一根荧光灯管表面的亮度约为 $1.0\ \mathrm{cd/m^2}$,而采用荧光灯作为光源设备的工作面的亮度则可能大于 $100\ \mathrm{cd/m^2}$。亮度的测试采用亮度计,其值不仅与光通量有关,还与光谱光效率函数有关,即与可见光中所含光谱的成分有关。

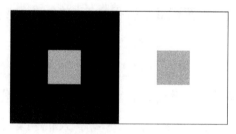

图 1 黑白颜色背景下灰色方块亮度示意图

第18问　什么叫做 OLED 蒸镀工艺中的 TS 和 SD

　　OLED 显示技术作为一种主动式发光技术，经过十多年的发展后终于在小尺寸手机和大尺寸电视市场取得了一定的突破，并以其绝佳的色彩、对比和未来在柔性上的前景，越来越受到消费者的喜爱。但说到 OLED，就不得不提到 OLED 工艺技术之痛（瓶颈技术）——蒸镀。

　　由于 OLED 器件中有机薄膜的总膜厚为 $100\sim200$ nm，而且是有机材料，在 CVD、蒸镀、涂布、印刷等成膜技术中，目前量产性最好的就是蒸镀技术了（尤其对小分子 OLED 材料来说）。

　　如图 1 所示，是 OLED 蒸镀的概念图。最上面是玻璃基板，再由殷钢（Invar Steel，即铁镍合金）制成的 FMM（Fine Metal Mask，即高精细掩模版）盖住玻璃，然后一起通过磁铁吸附在上基台上。蒸镀源内放置有机材料，通过电阻丝加热或电子束加热的方式使材料蒸发，再通过 FMM 进入到规定的像素开口区。这里的 TS（Target-Source Distance）就是指蒸镀源到 FMM 目标的距离,蒸镀角为 θ。TS 距离一般在 $400\sim800$ mm 不等。如果是同样的点蒸镀源和同样的蒸镀角,TS 距离较小时,材料利用率高,PPI 较小,但成膜均一性较差,且 SD(Shadow Distance,即阴影距离)较大;而 TS 距离较大时,成膜均一性会变好,SD 会变小,但材料利用率较低,PPI 较大。

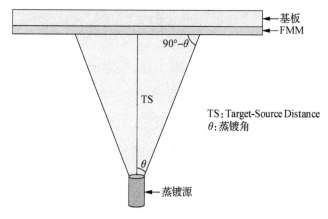

图 1 OLED 蒸镀的概念图

如图 2 所示,是 FMM 蒸镀示意图,FMM 的实际照片如图 3 所示。生产 FMM 的方式主要有三种,即蚀刻、电铸和多重材料(金属＋树脂材料)复合。SD 在这里指的就是 $2f+2g+h$ 的和,它会影响 PPI,因此越小越好,否则会发生 R 串色到 B 的问题。关于图 2 的详细说明,请参考以下两点:

(1) θ 是蒸镀气体与垂直法线的最大夹角,α 是 FMM 二次刻蚀与法线的夹角,β 是 FMM 一次刻蚀与法线的夹角,a 是 FMM 和基板间距,b 是 FMM 二次刻蚀深度,c 是 FMM

一次刻蚀深度, d 是 FMM 孔最窄处宽, e 是子像素间距, f 是 FMM 二次刻蚀的基准面延伸长度, g 是 FMM 和基板间距基准面延伸长度, h 是子像素下底间间距。

（2）一般希望 α, β, θ 的值都小一点,这样孔就是垂直的;同时,在 a, b, c 的值一定的情况下, f 和 g 的值可以比较小;如果 h 的值也比较小的话,PPI 可以做高。

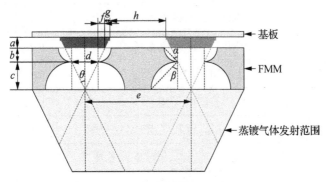

图 2　FMM 蒸镀示意图

图 3　FMM 的实际照片

最后,笔者提供一份 RGB 蒸镀距离计算表(见表 1),感兴趣的读者可以研究一下。

表1 RGB蒸镀距离计算表

代号	定义	单位	数值
θ	蒸镀气体与垂直法线的最大夹角	°	15
α	FMM二次刻蚀与法线的夹角	°	30
β	FMM一次刻蚀与法线的夹角	°	30
a	FMM和基板间距	μm	2
b	FMM二次刻蚀深度	μm	3
c	FMM一次刻蚀深度	μm	27
d	FMM孔最窄处宽	μm	30
e	子像素间距	μm	50
f	FMM二次刻蚀的基准面延伸长度	μm	0.804
g	FMM和基板间距基准面延伸长度	μm	0.536
h	子像素下底间间距	μm	17.321

第19问 什么是屏下指纹识别技术

应用于智能手机的主流指纹识别技术有三种,即电容式、光学式和超声波式(如图1所示)。其中,电容式指纹识别技术目前市场占有率最高,但该技术无法隔着手机屏识别按在屏幕上的指纹,因此在必须使用屏下指纹识别技术的全面屏手机潮流下将逐渐被淘汰。

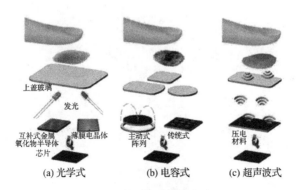

上盖玻璃
发光
互补式金属氧化物半导体芯片　薄膜电晶体　主动式阵列　传统式　压电材料

(a) 光学式　　(b) 电容式　　(c) 超声波式

图1　主流指纹识别方式

屏下指纹识别技术是指在屏幕下方完成指纹识别解锁。其优点是能够保证屏幕的完整性,手指直接贴在屏幕上就能识别并解锁,不过因为应用到屏下,需要穿透更高的厚度,因此这项技术目前也只能用在 OLED 屏幕上(因为 LCD 面板需要背光,模组厚度更大)。目前,屏下指纹识别技术主要有光学式和超声波两大技术。相比传统按压式指纹识别,屏下指纹识别在解锁时需要手指和屏幕有良好的接触,因此需要使用一点力度按下。

光学式指纹识别感应器是通过 AM-OLED 面板的光线来照射指纹,然后通过返回的光线穿透缝隙打到屏下的接收器上,再对返回的光线进行分析,并结合软件算法实现指纹识别(如图 2 所示)。当屏幕亮度不足,或是指纹区域有其它干扰时(比如脏污),指纹识别就会出现偏差,此外在完全黑屏的状态下,需要先将荧幕唤醒才可进一步用指纹解锁,因此光学式指纹识别技术目前尚未实现量产。

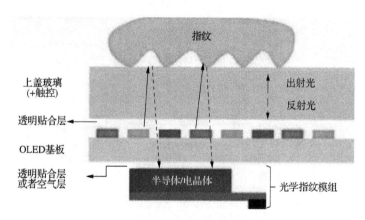

图 2　光学式指纹识别结构示意图

相比光学式屏下指纹识别技术,超声波讯号具有较好的穿透性,能降低手指污垢、油脂以及汗水的干扰,即使在水中也可以解锁,此外超声波式指纹识别技术还具有不用开孔、无需直接接触等优势(如图3所示)。但是,这项技术依然存在体积大、识别率低和识别速度低等问题。

同时,由于超声波屏下指纹识别是主动式感应,功耗比较高,如果要保持连续的工作状态,功耗将会更高;而且超声波屏下指纹识别模组是贴在 OLED 面板下的,如果贴合失败,将连 OLED 面板也得跟着一起报废,所耗费的成本就更高了。

图 3 超声波式指纹识别示意图

第20问 什么是OLED中Forster和Dexter非辐射能量转移机制

OLED的发光原理是空穴和电子到达发光层后发生结合,形成一个高能量状态的分子(这个状态称为激发态,处于这种状态的分子称为激子),激子在激发态寿命结束后发射出光子。

分子在被激发之前处于稳定的基态,两个电子的自旋方向为反向平行,其中一个电子自旋向上,另一个电子自旋向下。当分子被激发时,若被激发到较高轨道的电子的自旋方向与较低轨道的电子的自旋方向相反,这个分子称为单重态激子;当分子被激发时,若被激发到较高轨道的电子的自旋方向与较低轨道的电子的自旋方向相同,这个分子称为三重态激子。

OLED的非辐射能量转移有两种机制,分别是Forster能量转移机制和Dexter能量转移机制。Forster能量转移机制是分子间偶极－偶极(Dipole-Dipole)作用所造成的非辐射能量转移,适合分子间距离达 $50 \sim 100\text{Å}(1\text{Å} = 10^{-10} \text{ m})$ 之

间的能量转移,是库伦作用力方式;Dexter 能量转移机制是
利用电子在两分子间直接交换,因此涉及电子云的重叠或分
子的接触,只适合分子距离在 10～15Å 以内的短距离的能量
转移,是电子交换方式。

Forster 能量转移,对合适的荧光物质可以构成一个能量
施主(Donor)和能量受主(Acceptor)对,它们之间由于偶极
到偶极的相互作用,激发施主分子的光子能量 $h\nu$ 可能被传
递至受主分子,而后受主分子通过发射出光子 $h\nu'(h\nu > h\nu')$
而松弛。这就是 1948 年由 Forster 首先提出的荧光共振能
量转移理论。其直观的表现就是施主和受主在合适的距离
内(1～10 nm)以供体的激发光激发,供体产生的荧光强度比
它单独存在时要低得多,而受体发射的荧光却大大增强,同
时伴随它们的荧光寿命相应缩短和拉长。

德克斯特激发转移(Dexter Excitation Transfer)又称电
子交换激发转移,是一种通过电子交换机制产生的激发能转
移,要求能量施主和能量受主的波函数彼此重叠,是三线态
－三线态能量转移的主要机制。转移速率常数

$$K_{ET} = \alpha[h/(2\pi)]P^2 J \exp(-2\gamma/L)$$

式中,γ 为施主与受主之间的距离,L 和 P 为不易与实验测
量值相关的常数,J 为光谱重叠积分。需要说明的是,在此机
制中还应同时服从自旋守恒规则。

Forster 能量转移机制下的单重态能量转移如图 1 所示,
其过程如下:

（1）能量转移前：$^1D^+$（单重态施主左旋电子）处于基态，$^1D^{*-}$（单重态施主右旋电子）处于激发态；$^1A^+$（单重态受主左旋电子）与$^1A^-$（单重态受主右旋电子）皆处于基态。

（2）能量转移中：处于激发态的$^1D^{*-}$（单重态施主右旋电子）回落到基态，成为$^1D^-$（单重态施主右旋电子），释放的能量通过库伦作用力方式转移给处于基态的$^1A^-$（单重态受主右旋电子）。

（3）能量转移后：处于基态的$^1A^-$（单重态受主右旋电子）接受能量后跃迁至激发态，成为激发态的$^1A^{*-}$（单重态受主右旋电子）。

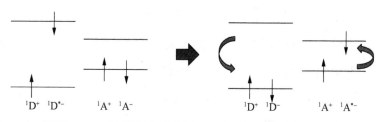

图1 Forster 能量转移机制下的单重态能量转移示意图

Forster 能量转移机制下的三重态能量转移如图 2 所示，其过程如下：

（1）能量转移前：$^3D^+$（三重态施主左旋电子）处于基态，$^3D^{*+}$（三重态施主左旋电子）处于激发态；$^1A^+$（单重态受主左旋电子）与$^1A^-$（单重态受主右旋电子）皆处于基态。

（2）能量转移中：处于激发态的$^3D^{*+}$（三重态施主左旋电子）回落到基态，成为$^1D^-$（单重态施主右旋电子），释放的能量通过库伦作用力转移给处于基态的$^1A^-$（单重态受主右

旋电子)，而原处于基态的$^3D^+$(三重态施主左旋电子)则成为
处于基态的$^1D^+$(单重态施主左旋电子)。

（3）能量转移后：处于基态的$^1A^-$(单重态受主右旋电
子)接受能量后跃迁至激发态，成为激发态的$^1A^{*-}$(单重态受
主右旋电子)。

三重态电子回落可以改变自旋方向。

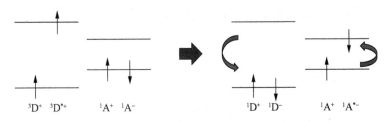

图 2　Forster 能量转移机制下的三重态能量转移示意图

Dexter 能量转移机制下的单重态能量转移如图 3 所示，
其过程如下：

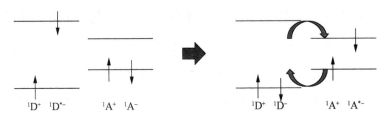

图 3　Dexter 能量转移机制下的单重态能量转移示意图

（1）能量转移前：$^1D^+$(单重态施主左旋电子)处于基态，
$^1D^{*-}$(单重态施主右旋电子)处于激发态；$^1A^+$(单重态受主
左旋电子)与$^1A^-$(单重态受主右旋电子)皆处于基态。

（2）能量转移中：处于激发态的$^1D^{*-}$(单重态施主右旋

电子)通过电子交换方式转移成为处于激发态的$^1A^{*-}$(单重态受主右旋电子)。

（3）能量转移后：处于基态的$^1A^-$（单重态受主右旋电子)通过电子交换方式转移成为处于基态的$^1D^-$（单重态施主右旋电子)。

电子交换方式,电子自旋方向不能改变。

Dexter 能量转移机制下的三重态能量转移如图 4 所示,其过程如下：

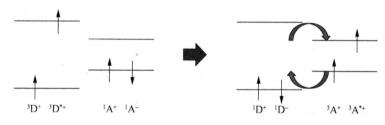

图 4　Dexter 能量转移机制下的三重态能量转移示意图

（1）能量转移前：$^3D^+$（三重态施主左旋电子）处于基态,$^3D^{*+}$（三重态施主左旋电子）处于激发态;$^1A^+$（单重态受主左旋电子）与$^1A^-$（单重态受主右旋电子）皆处于基态。

（2）能量转移中：处于激发态的$^3D^{*+}$（三重态施主左旋电子）通过电子交换方式转移成为处于激发态的$^3A^{*+}$（三重态受主左旋电子）,而处于基态的$^1A^+$（单重态受主左旋电子）则转变为处于基态的$^3A^+$（三重态受主左旋电子）。

（3）能量转移后：处于基态的$^1A^-$（单重态受主右旋电子）通过电子交换方式转移成为处于基态的$^1D^-$（单重态施主

右旋电子),而处于基态的$^3D^+$(三重态施主左旋电子)则转变
为处于基态的$^1D^+$(单态施主左旋电子)。

电子交换方式,电子自旋方向不能改变。

说明如下:(1) 上标 1 表示单重态,上标 3 表示三重态,
D 表示 Donor,A 表示 Acceptor,* 表示激发态,无 * 表示基
态,+ 表示左旋电子,- 表示右旋电子。

(2) 单重态基态和激发态电子自旋方向相反,三重态基
态和激发态电子自旋方向相同。

第21问 什么是 OLED 中的 WVTR

在 OLED 显示器件的制作过程中,封装是一个必不可少的步骤,用来避免水汽和氧气进入显示器件内部引发器件的老化和失效。对于半导体器件,封装的一个重要指标就是 WVTR(Water Vapor Transmission Rate,即水汽透过率)。

水汽透过率的单位是克每平方米每天($g/m^2/day$),氧气透过率的单位是立方厘米每平方米每天($cm^3/m^2/day$)。因为水汽分子小于氧气分子,而且对于水汽的阻隔难度大于氧气,因此可以仅采用水汽的透过率来评定封装效果。

不同的显示产品对水氧透过率的要求是不同的,比如同为显示屏的 LCD 和 OLED 器件,其对水氧透过率的要求分别为 10^{-3} $g/m^2/day$ 和 10^{-6} $g/m^2/day$。

在制作 OLED 阴极时,要用到功函数低的金属和低功函数的 ETL/EIL 等,如 Al,Mg,Ca 和 LiF 等。这些材料往往比较活泼,容易与渗透进来的水氧发生反应,同时 OLED 中的 EML 层也比较脆弱,所以 OLED 器件对水氧阻隔的需求要高于 TFT-LCD。

在 OLED 中计算对水氧阻隔的效果时,一般是以器件阴极被腐蚀需要的水的量作为基础值估算得来的。假设阴极为 Mg,厚度为 50 nm,Mg 的密度为 1.74 g/cm^3,摩尔质量为 24 g/mol,则阴极 Mg 含量为 3.625×10^{-7} mol/cm^2,每单位面积(cm^2)的 Mg 电极被完全腐蚀需要水为 6.4×10^{-6} g。如果该器件需要满足的工作时间为 10000 h,则水汽渗透率约为 1.54×10^{-4} g/m^2/day。如果考虑到阴极被腐蚀 10% 就会对器件产生较大影响,同时考虑其它催化反应的作用,则该器件对水汽的渗透率需要小于 10^{-5} g/m^2/day。一般认为,为了使 OLED 器件能够正常工作,它的水氧阻隔能力需要小于 10^{-6} g/m^2/day。

薄膜 WVTR 的测试方法主要有两种,即钙法和膜康法。

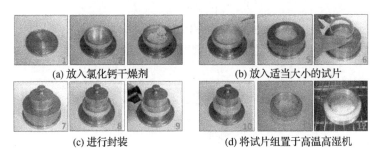

(a) 放入氯化钙干燥剂　　　　(b) 放入适当大小的试片

(c) 进行封装　　　　(d) 将试片组置于高温高湿机

图 1　钙法测试 WVTR 示意图

钙法测试 WVTR 如图 1 所示。该法利用的是钙容易与水、氧气作用的特性,化学式是

$$2Ca + 2H_2O + O_2 \rightarrow 2Ca(OH)_2$$

通过测量并计算试片在 0 h,24 h,48 h 和 96 h 的质量变化,

然后根据公式 $\Delta m / t \times S$ 计算出 WVTR$(g/m^2/h)$。其中，S 代表水汽穿透的试片面积(m^2)，t 代表测量试片质量所间隔的时间(h)，Δm 代表试片质量的变化值(g)。

膜康法是美国 MOCON 公司发明的一种测试方法（如图 2 所示）。该方法使用的透水量测仪分为上下两部分，将试片放置于透水量测仪中间并隔绝上半部和下半部。量测时，下半部产生水汽，上半部则通入氮气作为 Carrier-Gas。当水汽从下半部分渗透过试片到达上半部时，氮气会将水汽带至 IR Sensor 处，通过测试渗透水汽的含量便可分析出试片的水汽透过率。

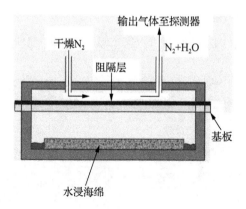

图 2　膜康法测试 WVTR 示意图

第22问 什么是光刻胶

光刻胶又称为光阻或抗蚀剂,是指通过紫外光、电子束、离子束、X射线等光照或辐射后,其溶解度将发生变化的耐刻蚀薄膜材料。光刻胶是光刻工艺中的关键材料,主要应用于显示面板、集成电路和半导体分立器件等细微图形加工作业。

应用于显示面板的光刻胶按用途可分为TFT用光刻胶、触摸屏用光刻胶和滤光片用光刻胶。

TFT用光刻胶主要是用来在玻璃基板上制作场效应管(FET),即通过沉积、刻蚀等工艺在玻璃基板上制作出场效应管的源、栅、漏极结构并形成导电沟层。由于每一个TFT都用来驱动一个子像素下的液晶,因此需要很高的精确度,一般都是正性光刻胶。

触摸屏用光刻胶的作用主要是在玻璃基板上沉积ITO,从而制作图形化的触摸电极。

滤光片用光刻胶的作用是制作彩色滤光片,又分为彩色光刻胶和黑色光刻胶,其制作工艺流程如图1所示。

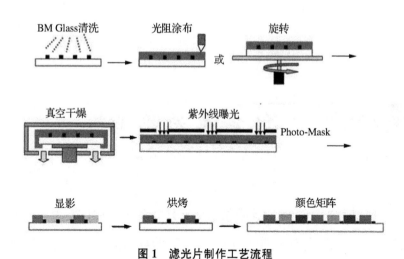

图1 滤光片制作工艺流程

光刻胶根据在显影过程中曝光区域的去除或保留可分为两种,即正性光刻胶(Positive Photoresist)和负性光刻胶(Negative Photoresist)。如图2所示,正性光刻胶之曝光部分发生光化学反应会溶于显影液,而未曝光部分则不溶于显影液,仍然保留在衬底上,将与掩模上相同的图形复制到衬底上;反之,负性光刻胶之曝光部分因交联固化而不溶于显影液,而未曝光部分则溶于显影液,将与掩模上相反的图形复制到衬底上。

此外,曝光机的曝光波长由紫外谱 G 线(436 nm)、I 线(365 nm)发展至 248 nm、193 nm、极紫外光(EUV)甚至 X 射线,非光学光刻如电子束曝光、离子束曝光等技术也已出现在人们的视野之中,光刻胶产品的综合性能也必须随之提高,如此才能符合集成工艺制程的要求。

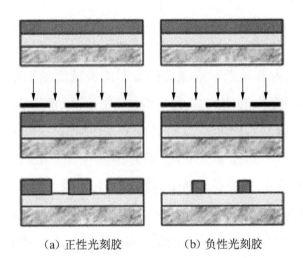

（a）正性光刻胶　　　　　（b）负性光刻胶

图 2　光刻胶种类

判断光刻胶好坏的重要因素有涂布均匀性、灵敏度、分辨率、工艺窗口大小以及缺陷问题。在光刻中,对图像质量起关键作用的两个因素分别是分辨率（R）和焦深（DOF）,其中

$$R = \frac{k\lambda}{NA}$$

$$DOF = \frac{\lambda}{2(NA)^2}$$

式中,λ 为波长,NA 为光学系统的数值孔径。在光刻中既要获得更好的分辨率来形成关键尺寸图形,又要保持合适的焦深是非常矛盾的。虽然分辨率非常依赖于曝光设备,但是高性能的曝光工具需要与之相配套的高性能的光刻胶才能真正获得高分辨率的加工能力。

灵敏度可以体现在光刻胶的对比度曲线上。对比度定义如下：

$$\gamma = \left[\lg(D_{100}/D_0)\right]^{-1}$$

式中，D_{100} 为所有光刻胶被去掉所需的最低能量剂量，即灵敏度（也称为曝光阈值）；D_0 为光刻胶开始进行光化学反应作用的最低能量。对比度可以被认为是光刻胶区分掩模版上亮区和暗区能力的衡量标准，且辐照强度在光刻胶线条和间距的边缘附近平滑变化。光刻胶的对比度越大，线条边缘越陡，典型的光刻胶对比度为 2～4。对于理想光刻胶来说，如果受到该阈值以上的曝光剂量，则光刻胶完全感光；反之，则完全不感光。实际上，光刻胶的曝光阈值存在一个分布，该分布范围越窄，光刻胶的性能越好。

除了分辨率和灵敏度以外，光刻胶还需要具有优异的抗等离子体性能。例如集成电路工艺中在进行阱区和源漏区离子注入时，需要有较好的保护电路图形的能力，否则光刻胶会因为在注入环境中挥发而影响到注入腔的真空度。此时注入的离子将不会起到其在电路制造工艺中应起到的作用，器件的电路性能受阻。

耐化学腐蚀性能也是极其重要的一点。如图 3 所示，光刻胶在印制各层电路图形到硅片及其它薄膜层上时需把图形保留下来，并把印有电路图形的光刻胶连同硅片一起置入化学刻蚀液中，进行很多次的湿法腐蚀。只有当光刻胶具有很强的抗蚀性，才能保证刻蚀液按照所希望的选择比刻蚀出曝光所得图形，更好地体现器件性能。

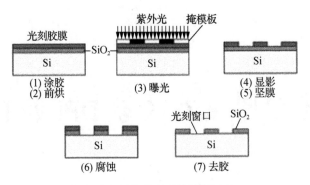

图3　光致抗蚀剂成像制版过程

抗等离子刻蚀能力也是评价光刻胶的重要指标之一。例如干法刻蚀,因为其优良的各向异性而广泛应用于线宽小于 $3~\mu m$ 的工艺过程中,与此同时,光刻胶对处于刻蚀腔中的等离子态的气态分子需要有一定的抗蚀性能,否则将会破坏所需电路的完整性,刻蚀效果也会受到影响。

第23问 如何区分 DPI 和 PPI

要区分 DPI 和 PPI,首先我们需要了解什么是像素。

像素是用来计算数位影像的一种单位,译自英文 Pixel。其中 Pix 是英语单词 Picture 的常用简写,再加上英语单词 Eelement(元素),就得到 Pixel,故像素表示图像元素之意,有时亦被称为 Pel(Picture Element)。

平时接触显示器的时候总会提到像素,而显示器的一个像素就是一个方格。电脑显示器、手机显示器都是由一个一个的方格像素点组成的。对于一台像素低的显示器,你可以很明显地看到其中一个一个的小方格;对于手机或电脑的屏幕,也可以通过放大镜看到一个一个的小方格(如图1所示)。

图1 像素显示示意图

回到原主题，PPI 是 Pixel Per Inch 的简写，中文意思是每一英寸的像素量；DPI 则是 Dot Per Inch 的简写，中文意思是每一英寸的点数量。再说明得清楚一点，DPI 准确来说是指设备解析度（例如打印机或喷墨型输出机的解析度单位），1200DPI 的分辨率就是指每一英寸能打印 1200 个点数量，因此也可以称为设备分辨率。

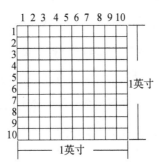

图 2　一平方英寸含 100 个像素示意图

假设现在我们设定一英寸内有 10 个像素（如图 2 所示，一平方英寸就有 100 个像素），则 PPI 的 1 像素就等于 1 格，总共有 100 格（100PPI）。如果使用 1000DPI 的设备进行喷印，虽然设备的墨点可以喷印高分辨率，却因为像素的不足（仅 100PPI），100 万个点被塞在一平方英寸内，而每个像素大约需容纳 10000 个点，因此画面就会出现格子状。这就是典型数位影像 PPI 不足造成分辨率差的情况（如图 3 所示）。

反之，如果我们设定一英寸里有 1000 像素，等于一平方英寸有 100 万个像素（100 万 PPI），影像就会非常的锐利。但是若只使用 100DPI 的设备喷印，虽然数位影像分辨率够，

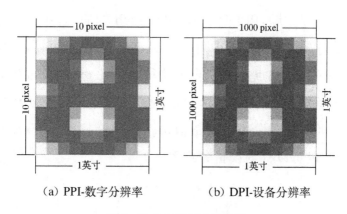

（a）PPI-数字分辨率　　　　（b）DPI-设备分辨率

图3　高 DPI 低 PPI 示意图

因为设备的分辨率不足,在一平方英寸里的 100 万个像素只能喷印出 10000 个点,平均 100 个像素中只有一个墨点,所以就算 PPI 再高,也会因为设备 DPI 受限而无法呈现出最佳分辨率(如图 4 所示)。

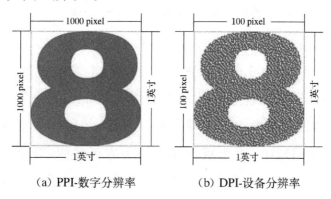

（a）PPI-数字分辨率　　　　（b）DPI-设备分辨率

图4　高 PPI 低 DPI 示意图

由此可知,想得到最佳分辨率,需要高 PPI 的数位影像搭配高 DPI 的设备才可。

那分辨率又是什么呢? 分辨率又指影像分辨率,DPI 就是它的计算单位。事实上,数位影像的单位是像素,所以数位影像分辨率的正确单位应该是 PPI,但很多时候大家都会把 PPI 和 DPI 混淆使用。

我们经常会看到如下显示屏的分辨率:640×480(SD),1280×720(HD),1920×1080(FHD),2560×1440(2K),3840×2160(4K)等(如图5所示),这些指的是显示屏横向和纵向有多少个像素点。例如1920×1080是指横向有1920个像素点,纵向有1080个像素点。每英寸的像素越多时,分辨率就越高。一般而言,较高分辨率的影像在输出时可获得较佳的品质。

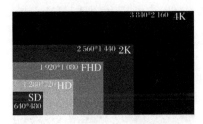

图5　影像分辨率示意图

第24问 什么是HDR

目前,市面上的 4K 电视、4K 显示器、4K 投影机、4K UHD BD,甚至 4K 播放器都越来越多。如果有人稍微关注一下这些产品,一定会看到"HDR"这个名词(如图 1 所示),而且从产品宣传中似乎可以发现"HDR"是一个很重要的性能。那究竟什么是 HDR 呢?

图 1　4K UHD HDR 电视

HDR 是英文 High Dynamic Range 的简写,但是要了解 HDR 代表的意思,必须从它的相对名词 SDR(Standard Dynamic Range)开始说起。以前影视工业在制订影像标准和作业流程时,因器材显示能力有限,加上环境条件限制,造成影像创造过程必须压缩或舍弃许多影像的组成元素,其中最为明显的就是亮度。例如在 CRT 时代，电视制订的亮度标准仅有 100 cd/m^2，且这样的标准沿用了好几十年，直到后来电视具备更出色的发光能力（可达到 250～400 cd/m^2），但影像制作过程仍然多数沿用着旧有规格，也就是说会先将影像压缩成100 cd/m^2，再通过显示器材来显示。

其实 100 cd/m^2 的亮度在人眼所能感受的亮度范围内（0.001～20000 cd/m^2）仅仅只有一小段占比，随着科技的进步，人们也知道 CRT 电视所延续下来的规格会造成"眼见实物"与"电视显示"之间存在极大的落差。因此这几年当电视发展到一定的水准之后，不少业界专家开始重视并呼吁改善这个问题，许多电影工作者更是大力推广"HDR 比 4K 还重要"的观念，由此孕育而出许多新技术来保留并再现这样的亮度，也就是所谓的 HDR 高动态范围（如图 2 所示）。

图 2　SDR 与 HDR 的影像显示差异示意图

现阶段 4K UHD BD 所采用的主流标准 HDR 技术是 HDR10，意思是将影像亮度提高到 1000 cd/m^2，是传统 SDR 电视 100 cd/m^2 的 10 倍，虽然与人眼可感受的 20000 cd/m^2 相比仍然有一大段差距,但已经是很大的进步了,只要使用的 4K 显示器支持这项规格,就能带给我们更接近实物的观看效果。

　　SDR 相比 HDR 差在哪里呢? 消费者其实凭肉眼观察就可以明显比较出 SDR 和 HDR 的实际差异。HDR 画面的亮区会更亮,暗区会更深,色彩表现能力会更好,特别是画面中高亮度区块的色彩具有更好的还原性(如图 3 所示)。用一个简单的例子来说明:电视播放明亮的晴空画面,在 HDR 画面中可以清楚地看到天空里的蓝色,但 SDR 画面看起来可能就会偏淡,甚至是缺乏色彩资讯的一片白色;而夜晚城市里的霓虹灯,HDR 可以突显出更饱和的灯光色彩,除了看起来更明亮、耀眼之外,色彩也会较为鲜艳,但通过 SDR 画面观看时,对比度明显较差,不仅明暗之间的渐层变化较小,亮区的色彩也会偏淡,甚至是产生色偏。

图 3　SDR 与 HDR 显示画面比较

第 25 问　什么是 CF 喷墨印刷技术

所谓 CF 喷墨印刷技术,是利用现有的喷墨印刷技术,采用亲 Ink 和不亲 Ink 的排他性原理,将 R,G,B 三种颜料 Ink 喷入亲 Ink 像素区域,从而形成 CF 色层的制造方法(如图 1 和图 2 所示)。

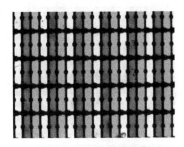

图 1　CF 像素示意图

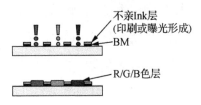

图 2　CF 喷墨印刷示意图

如图 3 所示,在 IPS(In Panel Switch,即面内开关型)模

式的液晶显示器中,传统的彩膜制作工艺如下:首先在玻璃基板上沉积由感光性树脂形成的黑色底层,光刻形成 BM(Black Matrix,即黑色矩阵),然后分别在各个像素对应位置形成 R,G,B 的滤色层(三次曝光 – 显影工艺),滤色层表面上形成 OC(Over Coat)平坦层,并在保护层上置放 PS(Photo Spacer)柱状支撑物,从而形成彩膜。

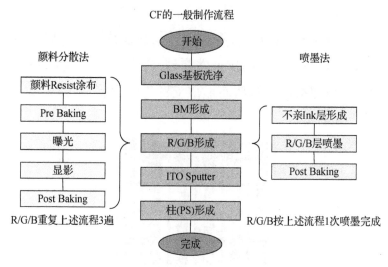

图 3　两种彩膜制造工艺流程对比示意图

喷墨打印技术作为一种新的解决方案引入彩膜的制造过程,在形成不亲 Ink 层后,将 R,G,B 三种颜料 Ink 一次性喷入亲 Ink 的像素区域形成色阻(如图 4 所示)。

它的特点有两个,第一是制程简单,可以将 BM,R,G,B 四次光刻工艺变为一次 BM 光刻工艺;第二是材料成本较低,可以节省颜料达 70% 以上。

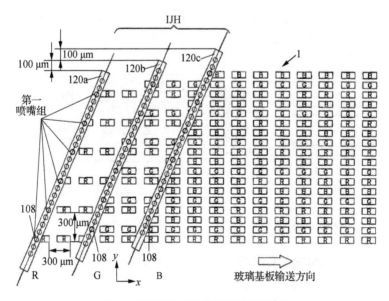

图 4 喷墨打印 CF 色层的过程示意图

在进行喷墨打印 R,G,B 颜色墨水的过程中,需要在 BM 形成后使用表面活性剂制作亲/疏 Ink 层,以防止红绿蓝子像素的墨水互相串过,干扰显示。下面我们简单介绍两种制作亲/疏 Ink 层的方法(如图 5 所示)。

制法 1:首先在玻璃基板上制作 BM 层,并在 BM 层上通过印刷或者光刻工艺形成不亲 Ink 层;然后通过等离子气体、UV/O₃ 表面处理等方式使得像素区具有亲 Ink 性,而不亲 Ink 层仍然保持不亲 Ink 性;最后喷印彩色 RGB,形成色层。

制法 2:首先在玻璃基板上制作 BM 层,并在 BM 层上涂覆含有光触媒和含氟非离子表面活性剂的润湿性可变层;然后通过曝光方式触发光触媒,在 BM 表面形成疏 Ink 层,像素区形成亲 Ink 层；最后喷印彩色 RGB，形成色层。

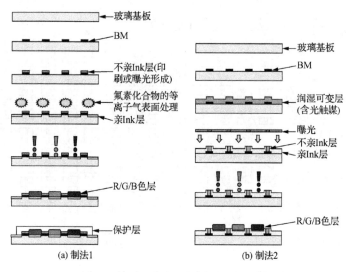

(a) 制法1　　　　　　　　　(b) 制法2

图 5　两种制作亲/疏 Ink 层的方法示意图

最后，我们总结一下传统的光刻技术和喷墨技术制作 CF 的优缺点（见表 1），供读者参考。

表 1　光刻技术和喷墨技术制作 CF 的优缺点分析

项目	喷墨技术	光刻技术(参照)
工序	工序简单(节省 RGB 的 Mask)，节拍快	工序复杂(需要 RGB 的 Mask)，节拍慢
色层材料	节约化(节省 70% 以上)	整面涂布色层材料，然后使用刻蚀液刻蚀，浪费大且不环保
图形线宽/位置精度	喷墨控制精度低，适用于大像素	曝光精度高，适用于各种尺寸像素
CF 整体成本	80%～90%	100%

第 26 问　什么是 FMM

目前 AM-OLED 面板量产的主流方法是使用真空蒸镀制程工艺,在制作 OLED RGB Side By Side 的结构下必须用到 FMM 蒸镀技术,运用屏蔽将 RGB 三种光色分子分别附着于相对应的颜色区域中(如图 1 所示)。应用于大尺寸面板时,大尺寸 Mask 在蒸镀制程中易产生变形与材料过度使用等弊病,因此维持平坦的表面是制程相对较难的精密金属屏蔽的关键技术。

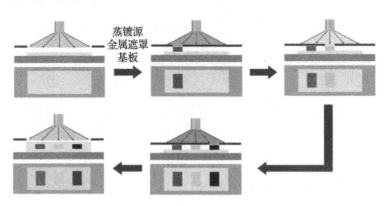

图 1　OLED RGB 蒸镀使用 FMM 示意图

FMM 全称为 Fine Metal Mask，即精细金属屏蔽/掩模版，主要材料是 Invar（为一种镍铁合金），利用其特有的低热膨胀系数、高模量、极薄及超高平整度等特性来制作屏蔽，可有效解决 FMM 在大型面板因加工中产生的热造成金属屏蔽弯曲及孔位对位不正等问题。

什么是掩模版？简单地说，掩模版就是一种在薄钢板上有特定开孔的器件，当沉积有机材料时只能沉积在特定位置。如果不使用掩模版，蒸镀时将红色、绿色和蓝色放在所有的像素上，如此一来是无法获得纯色 RGB 像素的。因此，在沉积过程中不同时间使用每个位置和形状不同的 RGB 掩模版（如图 2 所示）。当掩模版准备就绪时，将蒸发源（如有机材料等蒸发材料）放在其下，并将其加热到适当的温度；在此之后，分子单元中的有机小分子将穿过掩模并沉积到期望的位置。

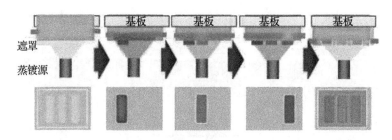

图 2　使用不同 RGB 掩模版进行沉积示意图

根据 FMM 的开孔形状，可以将 FMM 分为插槽型 FMM 和狭缝型 FMM（如图 3 所示）。

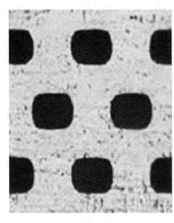　

　　（a）插槽型　　　　　　　　　（b）狭缝型

图 3　FMM 的开孔形状

　　生产 FMM 的方式主要有三种，即蚀刻、电铸和多重材料复合（金属＋树脂材料）。

　　（1）蚀刻法：主要是通过蚀刻 Invar Sheet 的方式制作。目前主要的 OLED 面板 FMM 供应商，例如 DNP、凸版印刷和达运等均采用蚀刻技术。在现阶段，使用该方法制作出的 FMM 最薄可以做到 20 μm 左右，并达到 WQHD 级别的分辨率。

　　（2）电铸法（Electroforming Metal）：通过该方法制作出的 FMM 厚度很低。采用该方法的厂家主要是日本 Athene 与 Hitachi Maxell，这两家公司已经将板厚控制到约 5 μm，并正在研发 WQHD 分辨率级别的 FMM 产品。

　　（3）多重材料复合法：主要采用树脂和金属材料混合制作 FMM 以应对热膨胀。V-Technology 目前具有制作出厚度为 5 μm 且成膜精度位置为 2 μm 的 FMM 的能力,并持续向 1μm 发展。

虽然 Hitachi Maxell 与 V-Technology 分别采用电铸和多重材料复合方式对 QHD 分辨率以上的 FMM 进行研究,但是其产品还未进入量产和厂商验证阶段,目前主流仍是以蚀刻法所制作的 FMM 为佳。

第27问　什么是激光电视

顾名思义，激光电视（Laser TV）就是采用激光光源作为显示光源，并配合前投影显示技术成像的投影显示设备，需配备专用投影幕以达到最佳的显示效果。激光电视屏幕的最大特点是对比度水平非常高，通过光学反射和吸收设计，将环境光的反射降到了最低，从而可以提升到更高的对比度，并且在光照条件下的画面也不会很苍白，因此可以在白天或灯光下使用，是目前解决家庭观看大屏最好的方案之一（如图1所示）。

图1　投影100英寸激光电视

与投影仪不同的是，激光电视的镜头多数采用反射式超短焦设计,只需要几十厘米的距离就能实现百英寸左右的画面,而且在激光光源亮度和使用寿命上也得到了很大提升。

激光电视主要由两大部分组成,一个是光源模组,另一个则是成像系统。在光源模组中,激光光源是指使用红、绿、蓝三基色固态激光器作为发光光源,或使用单色固态激光器激发荧光粉作为发光光源,或使用固态激光器结合 LED 作为系统光源的混合技术投影光源等不同的发光源技术。目前市场上流行的激光电视大多是采用单色激光光源(如图 2 所示),配合荧光粉色轮形成白光(通常为蓝光光源搭配黄色荧光粉),然后再利用色轮分色。由于红色和绿色是靠色轮分色产生的,因此单色激光电视无法显示出完美的红色和绿色画面,从而影响到用户的观影体验。现各厂家皆积极开发双色甚至三色激光系统,其中三色激光光源采用红、绿、蓝三色光源,不再需要色轮进行分色。三原色齐全,可以最真实地再现客观世界丰富、艳丽的色彩(三色激光可以实现 160%的色域覆盖率)。

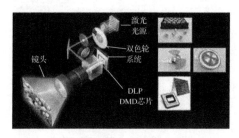

图 2　单色激光搭配色轮显示的激光电视

成像系统一般对光源模组的出射光线进行整形,并采用

DLP 投影技术或 LCOS 投影技术进行微显示成像及图像显示(如图 3 所示)。以 DLP 投影技术为例,DMD 芯片是激光电视的成像核心组件,排列了数百万面小镜子,而且每面小镜子都能够以每秒钟几万次的频率向正负方向翻转。光线通过这些小镜子反射到屏幕上直接形成图像,由于人眼的视觉残留,会将高速轮换照射在同一像素点上的三基色混合叠加,从而形成彩色。

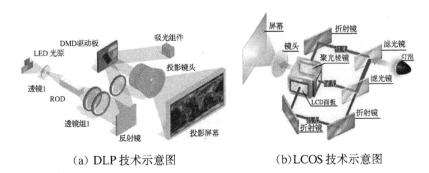

（a）DLP 技术示意图　　　　　（b）LCOS 技术示意图

图 3　激光电视成像系统

LCOS 投影技术也称为 LCD 投影技术,它的原理是利用液晶的光电效应,即液晶分子的排列在电场作用下发生变化,影响其液晶单元的透光率或反射率,从而影响它的光学性质,产生具有不同灰阶层次及颜色的图像。

最后,我们归纳一下激光电视的优缺点。优点如下:一是色彩饱和度高;二是采用激光光源,亮度高,色彩表现更好,寿命更长也更安全;三是与液晶电视相比,画面更灵活,尺寸更大;四是大多数的激光电视均带有智能系统,功能全,资源丰富。

至于缺点:一是多数的激光电视分辨率依旧停在 1080P,拥有 4K 画质的比较少;二是价格昂贵,尤其是双激光光源和三激光光源激光电视更是高得离谱;三是虽说色彩表现高于传统家用投影,但由于是单光源搭配色轮,色彩呈现并不准确。

　　目前激光电视仍处于发展阶段,还有许多技术上的缺陷需要克服,尤其是价格,要想达到亲民化还需要较长一段时间。

第28问 什么是分辨率、视距和视角

　　看电视多远效果最好？视网膜技术如何好？VR（Virtual Reality，即虚拟现实）屏幕分辨率越大越好吗？等等，要回答这些问题，只需要了解分辨率、视距和视角这三个概念。

　　分辨率对于观察者和屏幕分别用人眼分辨力和屏幕分辨率来表示。人眼分辨细节的能力称为人眼分辨力或视觉锐度，其与人眼视觉细胞系统有关。它的准确定义如下：眼睛对被观察物上相邻两点之间能分辨的最小距离所对应的视角 θ 的倒数，即分辨力 $= 1/\theta$。对于正常视力的人，在中等亮度情况下观看静止图像时，θ 为 $1'\sim1.5'$，即 $0.0167°\sim0.025°$。屏幕分辨率是指屏幕水平或垂直方向含有的像素个数。

　　视距是指人眼与观察物体之间的距离，这里指人眼和屏幕之间的距离。

　　对于视角，在静止时，通常人眼的双眼水平视角为 $120°$，双眼垂直视角为上 $40°$、下 $50°$。

　　了解以上三个概念后，再来看张图就更清楚人眼分辨力、屏幕距离、角度、像素大小的相互关系了。如图1所示，其中θ为人眼视网膜细胞能分辨的最小夹角，φ 为双眼垂直视角（垂直面上人眼最大观察角度范围），L_1 和 L_2 是人眼距离屏幕1和屏幕2的距离，P_1 是屏幕1的最小像素大小（人眼对被观察物上相邻两点之间能分辨的最小距离），P_2 是屏幕2的最小像素大小。可以看出，随着距离的增大，最小像素的大小在变大，垂直面上的像素数保持不变（φ 角除以 θ 角的值），即分辨率不变。水平方向同理，这里不再赘述。

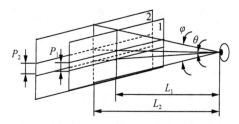

图1 位于不同视距的屏幕的像素大小与人眼分辨力的关系示意图

讲到这里，读者可能会有疑问：为什么垂直面上的像素数保持固定就行了？这是因为人眼垂直方向上观察的范围就那么大（静止时），再多就超出人眼范围了。就像在电影院里，坐第1排时要不断转动脑袋才能看完整个屏幕，而坐最后一排时一切尽在眼中（都在人眼视角范围内）。

屏幕上的像素大小设计与人眼分辨力、眼屏距离有关，像素数量（FHD，UHD 等）与人眼的视角范围有关（静止时上40°、下50°，总共90°），那么有了像素大小、像素数量，屏幕大小也就容易计算出来了。

第 29 问　PPI 和观赏距离的关系是什么

PPI 和观赏距离的关系是什么？当我们了解了这个问题后，就能更清楚地知道 PPI 并非越高越好。

PPI 是 Pixels Per Inch 的简写，表示的是每英寸（1 英寸 = 25.4 mm）所拥有的像素（Pixel）数目。当手机屏幕的 PPI 达到一定数值时，人眼就分辨不出颗粒感了。知道 PPI 后，根据公式：

$$像素尺寸 = 25.4 \text{ mm}/PPI$$

可以推算出像素尺寸；反之，也可以根据像素尺寸推算出 PPI，即

$$PPI = 25.4 \text{ mm}/像素尺寸$$

接下来，我们再次给出位于不同视距的屏幕的像素大小与人眼分辨力的关系示意图（如图 1 所示）。其中，θ 为人眼视网膜细胞能分辨的最小夹角，φ 为双眼垂直视角（垂直面上人眼最大观察角度范围），L_1 和 L_2 是人眼距离屏幕 1 和屏幕 2 的距离，P_1 是屏幕 1 的最小像素大小（人眼对被观察

物上相邻两点之间能分辨的最小距离），P_2 是屏幕 2 的最小像素大小。可以看出，随着距离的增大，所需的最小像素的大小在变大，也就是说每英寸所需的像素数在减少，即所需的 PPI 在变低。

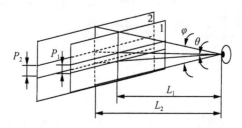

图 1　位于不同视距的屏幕的像素大小与人眼分辨力的关系示意图

由此可以得出下面的结论：因为人眼分辨力的关系，屏幕距离近的时候，最小像素尺寸小，最低 PPI 要求高；屏幕距离远的时候，最小像素尺寸变大，最低 PPI 要求可变低。

第 30 问　曲面液晶显示器的像素偏移需要补偿吗

自 2014 年起,各种曲面液晶显示器与曲面液晶电视在市场上风起云涌,可惜好景不长,在 2016 年后逐渐沦为鸡肋,并于 2017 年后转战车载等利基市场。

如图 1 所示,曲面液晶显示器其实就是将平板液晶显示器沿水平方向掰弯。一般是凹面显示居多,图像被包围在里面,具有很深的沉浸感。如果站在曲率半径的中心点上,人眼到显示面上各个点的距离几乎相等,没有视差,感觉会非常好。

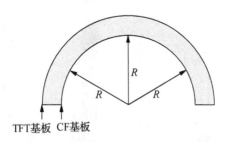

TFT基板　CF基板

图 1　曲面液晶显示器曲率半径示意图

从图 1 中还可以发现,曲面液晶显示器的 TFT 基板的弧长要略长于 CF 基板。假设液晶盒盒厚为 h,如果知道了曲

率半径 R 和扇形的圆心角弧度数,可以分别计算出 TFT 基板的弧长 l' 和 CF 基板的弧长 l。如图 2 所示,弧长计算公式为

$$l = R \times n, \quad l' = (R + h) \times n$$

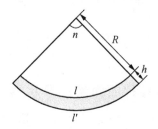

图 2　扇形弧长尺寸示意图

通常我们制造平板液晶显示面板的时候,TFT 基板和 CF 基板的显示区的长度是相等的(如图 3 所示),一个 TFT 像素对着一个 CF 像素,不希望出现图形偏差和贴合偏差。

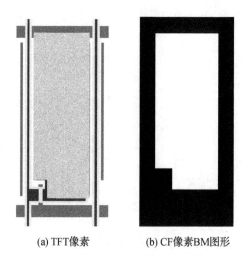

(a) TFT 像素　　　　　(b) CF 像素 BM 图形

图 3　TFT 像素和 CF 像素 BM 图形的示意图

但是当面板被掰弯后,曲面面板的左、中、右部分的像素就会发生一些变化。如图 4 所示,屏幕最左边像素的 CF 像素 BM 图形相对于 TFT 像素发生了左偏移;屏幕中间像素的 CF 像素 BM 图形相对于 TFT 像素没有发生偏移;屏幕最右边像素的 CF 像素 BM 图形相对于 TFT 像素发生了右偏移。对于这种偏移,设计人员一般会认为发生漏光,从而影响显示。

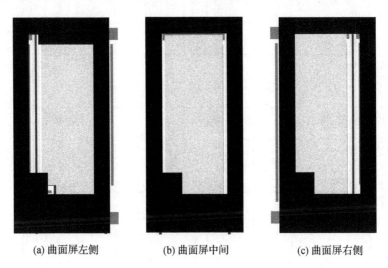

(a) 曲面屏左侧　　　　　(b) 曲面屏中间　　　　　(c) 曲面屏右侧

图 4　曲面屏左中右部分的 TFT 像素和 CF 像素 BM 图形相对位置的示意图

实际情况真的会发生漏光从而影响显示吗? 下面我们就来计算一下这个偏差是多少。如表 1 所示,我们分别计算一下 31.5 英寸 HD 和 34 英寸 21∶9 曲面显示器的偏差,曲率半径都是 3000 mm。

表1 曲面显示像素偏移计算表

尺寸(英寸)	分辨率 H(个)	分辨率 V(个)	像素(μm)	盒厚(μm)	曲率半径(mm)	基板类别	1/8位置弧度(度)	1/8位置弧长(μm)	1/4位置弧度(度)	1/4位置弧长(μm)	3/8位置弧度(度)	3/8位置弧长(μm)	边缘位置弧度(度)	边缘位置弧长(μm)	偏移百分比(%)
31.5	1366	768	510.75	3.5	8	彩膜基板	—	87210.563	—	174421.125	—	261631.688	—	348842.250	
					8	阵列基板	—	87210.563	—	174421.125	—	261631.688	—	348842.250	
					—	差值	—	0	—	0	—	0	—	0	
					3000.0000	彩膜基板	1.666	87210.563	3.331	174421.125	4.997	261631.688	6.662	348842.250	
					3000.0035	阵列基板	1.666	87210.664	3.331	174421.328	4.997	261631.993	6.662	348842.657	
					—	差值	—	0.101	—	0.203	—	0.305	—	0.407	0.080%
34	3440	1440	232.8	3.5	8	彩膜基板	—	100104.000	—	200208.000	—	300312.000	—	400416.000	
					8	阵列基板	—	100104.000	—	200208.000	—	300312.000	—	400416.000	
					—	差值	—	0	—	0	—	0	—	0	
					3000.0000	彩膜基板	1.912	100104.000	3.824	200208.000	5.736	300312.000	7.647	400416.000	
					3000.0035	阵列基板	1.912	100104.117	3.824	200208.234	5.736	300312.350	7.647	400416.467	
					—	差值	—	0.117	—	0.234	—	0.350	—	0.467	0.201%

经过计算发现,假设没有贴合偏差,31.5 英寸 HD 显示器的最边上 CF 像素 BM 图形相对于 TFT 像素发生的偏移为 0.407 μm,34 英寸 21:9 曲面显示器的最边上 CF 像素 BM 图形相对于 TFT 像素发生的偏移为 0.467 μm。

这种偏差对于一般的工艺贴合偏差 3~7 μm 来说是比较小的,可以忽略不计,所以像 TFT 像素尺寸、BM 像素尺寸渐变设计等专利技术仅只闻其声,不见其实际产品。曲面显示器的显示不均或漏光,一般是因为面板的 TFT 基板和 CF 基板的图形位置偏差、基板的工艺收缩率差异、贴合偏差,以及面板掰弯时应力导致的液晶盒厚不均、曲面背光掰弯时的各种光学不均、曲面面板和背光贴合后的整体光学不均等等,而不是由扇环的内环和外环的偏差导致的。

由此得到的结论就是,在目前的产品规格和工艺条件下,曲面液晶显示器的像素偏移不需要补偿。

第31问 什么是异方性导电胶膜（ACF）

异方性导电胶膜（Anisotropic Conductive Film,简写为 ACF）是由高品质的树脂及导电粒子组成,主要用于连接两种不同基材和线路。这两种不同基材的连接需要互相导通,而 ACF 具有上下（z 轴）电气导通,左右平面（x,y 轴）绝缘的特性,并且有优良的防湿、接着、导电及绝缘功用,是应用于连接两种不同基材和线路的良好选择（如图1所示）。

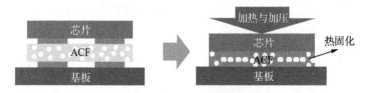

图1　ACF 贴合示意图

ACF 上下各有一层保护膜（通常为 PET Film）,用来杜绝 ACF 所含导电粒子及绝缘树脂胶材与外界接触（如图2所示）。在制作上,是将导电粒子与绝缘树脂胶材混合之后通过高精度的涂布技术涂布在保护膜上而制得。

图 2　ACF 组成示意图

　　树脂胶材除了具有防湿、接着、耐热及绝缘功能外，主要是固定 IC 芯片与基板间电极相对位置，并提供压力以维持电极与导电粒子间的接触面积。而导电粒子方面，异方导电特性主要取决于导电粒子的充填率。虽然异方性导电胶膜的导电率会随着导电粒子充填率的增加而提高，但同时也会提升导电粒子之间互相接触造成短路的几率。

　　此外，导电粒子的粒径分布和分布的均匀性也会对异方导电特性有所影响。通常，导电粒子必须具有良好的粒径均一性和真圆度，以确保电极与导电粒子间的接触面积一致，维持相同的导通电阻，并同时避免部分电极未接触到导电粒子导致电极开路的情形发生。常见的粒径范围在 $3\sim5\ \mu m$ 之间，太大的导电粒子会降低每个电极接触的粒子数，同时也容易造成相邻电极导电粒子接触而短路的情形；但是太小的导电粒子又容易形成粒子聚集的问题，造成粒子分布密度不均匀。

　　在导电粒子的种类方面，目前以金属粉末和高分子塑料球表面涂布金属为主，常见使用的金属有镍（Ni）、金（Au）、镍上镀金（如图 3（a）所示）、银及锡合金等等，而导电粒子形成的过程则如图 3（b）所示。

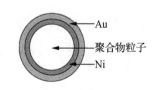

（a）导电粒子的组成

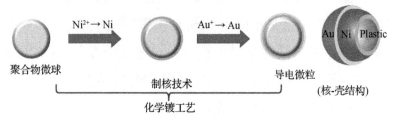

（b）导电粒子沉积金属流程

图3 导电粒子组成及沉积金属流程示意图

ACF 主要应用在无法以高温铅锡焊接的制程，如 FPC，Plastic Card 及 LCD Module 等电子线路连接使用。目前 ACF 在 LCD Module 方面的主流应用，是在 TCP/COF 封装时连接至 LCD 之 OLB（Outer Lead Bonding），驱动 IC 接着于 TCP/COF 载板的 ILB（Inner Lead Bonding）制程，以及采用 COG（Chip on Glass）封装时驱动 IC 与玻璃基板接合之制程（如图4所示）。

异方性导电胶膜实现了冷组装，使得电子产品的电性连结不需要依靠高温焊锡。由于高温制程对所有的有机材质而言都会产生伤害，如果能避免的话，则电子产品的精密度及生产良率都有机会大幅度提升；同时无需高温焊锡时，也会使得电子产品的材料选择更为多元化，从而能实现可挠式电子产品普及化生产。

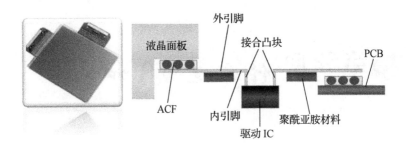

（a）ILB 制程

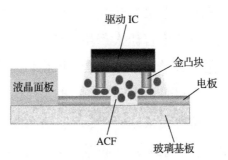

（b）COG 制程

图 4　ACF 之应用示意图

第32问 什么是 VR 和 AR

　　VR 是 Virtual Reality 的英文简写,中文称为虚拟实境,意思就是通过电脑创造出一个虚拟的 3D 空间,并以各种技术欺骗人类的感官让人产生错觉,使用者如同身临其境般进入一个完全人造的 3D 世界,并在里面做各式各样的事情。一般而言,要想达到 VR 的效果,必须提供视觉、听觉甚至其它感官的模拟元素,必须具备互动功能等等。上述项目做得越好,虚拟环境越是以假乱真,使用者也越容易信以为真。通常也将这种感觉称为沉浸式体验,越是优秀的 VR 效果,其提供的沉浸式体验越佳。

　　在视觉方面,多半是通过一个头戴式的 VR 显示器播放各种 3D 模拟场景(如图 1 所示)。市面上已有许多这样的装置在贩售,譬如说 HTC Vive,Oculus Rift,PlayStation VR,甚至 Samsung Gear VR 等等。这些装置里面有两个画面分别对应左右眼,两个画面的内容相同但角度略有差异,用来模拟人眼的视差,因此当使用者戴上 VR 显示器后就可以获得逼真的立体感与空间感,再搭配环绕感强烈的音源与耳机,使用者无论看到的、听到的都是来自虚拟环境的感官刺激,自然就会感觉真的置身其中。

图 1　VR 穿戴装置

视觉与听觉的感官刺激将使用者带入了虚拟的世界,但如果无法在里面做一些事情的话,还算不上是完整的 VR 体验。因为一个基本完善的 VR 体验除了看得到、听得到之外,还必须有互动的环节。VR 装置的互动类型目前主流的有三种,即体感、控制器、动态侦测。

"体感"主要是通过重力感测器或陀螺仪去判断使用者的各种动作,譬如前面提到的头戴式 VR 显示器,搭配体感组件后就可以针对使用者的头部进行转动。

"控制器"的类型就比较多元了,目前主流的是采用手持控制器(如图 2 所示),例如 HTC Vive,Oculus Rift 和 Play Station VR 都是属于此种类型。手持控制器除了内建各种体感组件来判断用户的动作之外,通常还会有一些按键来进行辅助。手持控制器后可能会出现手套控制器,它可以反映更细腻的手部动作,从而更精确地在虚拟世界中完成各种需求。

图 2　搭配手持式控制器的头戴式 VR 显示器

"动态侦测"是为了汲取包含姿势、移动等更大的动作，其可分为两大类型。第一种是在使用者身上穿戴各种感应器进行捕捉，例如 3D 动画电影常用的动态捕捉技术；第二种是通过外部的定位装置进行判断，例如 HTC Vive 以及微软 Kinect 等均属此类。前者的装备相对复杂，穿戴也比较麻烦，但动作判断相对准确；后者是外部装置，使用者不需要穿一堆东西，但侦测范围有限，超出感应器的范围就无法完成捕捉。

当 VR 导入以上互动性设计后，使用者在 VR 环境下不仅可以看到拟真的画面，听到拟真的环绕音，视线随着头部转动，还可以用双手做很多事情，并且可以在虚拟的空间中走动、闪躲。除此之外，如果还能够加上触觉、嗅觉的刺激，将会带来更强烈的沉浸式体验。目前类似的体验在一些 4D/5D 电影院可以感受到，但各种感官的刺激如何与体积较小的家用 VR 设备结合，仍有待后续的技术突破。

VR 在一些专业领域已经有一些应用实例，但一般商用市场的应用才刚刚起步。目前最主要的应用依然是在游戏产业,主流类型是射击、竞速等一类游戏,至于未来的角色扮演、格斗等游戏也可望陆续加入。除了游戏之外,像虚拟看屋、虚拟导览等也都逐渐被引进使用。当然 VR 可以使用的范围远远不只如此,虚拟实境还可以提供更深刻活泼的学习体验(教育面向),也已经有一些使用全角度拍摄的 MV 或节目出现(影视产业面向);此外,在军事、医疗、体育等产业中也可以用于加强模拟训练,进而降低不必要的风险。

AR 是 Augmented Reality 的简写,中文称为扩增实境。AR 与 VR 不同,VR 的目标是让使用者进入虚拟的空间中,AR 则是在现实的空间中加入一些虚拟的对象,用户仍是存在于真实的世界,而且虚拟的内容和互动仍止于虚拟之中,仅是通过屏幕等辅助装置呈现出虚拟和真实世界的结合状态。

AR 的应用相当广泛,也是最早应用于行销、广告中的实境技术。AR 与智能型手机的结合案例不胜枚举,如一些手游(例如精灵宝可梦 GO)、玩具(如 Kazooloo Vortex),或是拍照 App(如"AR 萌拍"的效果拍摄模式)等都运用了 AR 技术;而在游戏以外的应用则常见于地图软件,将虚拟的行车指示与手机相机取得的画面重合,可以提供更直观的导航体验。

第33问 什么是 GOA

由于显示面板薄型化、窄边框的需求，GOA（Gate on Array）技术也随之应运而生。该技术是将 Gate Driver IC 集成在 Array 玻璃基板上（如图1所示），并去除 Gate Driver IC，改用 TFT 布线组成栅极电路形成 GOA 单元来代替外接驱动芯片，实现 Gate Driver IC 的驱动功能。

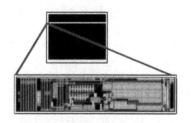

图1　制作于面板周围的 GOA 布局图

GOA 技术去除了 Gate Fanout Line，可使面板左右边框宽度再缩减，进而可以减小 Sealing Area，从而满足窄边框甚至无边框的设计需求（如图2所示）；同时，GOA 的实现工艺与液晶显示 TFT 制作工艺相同，不需要增加新的工艺流程，而且去除 Gate Driver IC 也可以降低产品成本。

（a）传统 IC 驱动栅极电路　　（b）使用 GOA 技术的驱动电路

图 2　两种技术对比示意图

根据 TFT 有源层不同，GOA 大致上可以分为三类：

（1）α-Si GOA：随着 α-Si TFT 工艺和特性的改善以及铜制程的应用，大尺寸 GOA 的产品越来越多。

（2）IGZO GOA：相比于非晶硅，非晶 IGZO 有更好的电性，从理论上来说，IGZO 更容易实现逻辑电路。但是，由于 IGZO 本身在工艺上还不够成熟，以及 U_{th} 较负等问题，目前 IGZO GOA 产品较少。

（3）P-Si GOA：多晶硅 TFT 的特性较好，而且可以做成 CMOS，具有 α-Si 和 IGZO 无法比拟的优势，所以采用 P-Si GOA 类型非常多，市面上的 LTPS 手机面板几乎都是采用该类技术。

面板的终极目标是实现将所有的驱动电路都集成其上，即 System on Panel（简称 SOP），可惜受限于器件特性，目前做得最多的就是 GOA 技术。不过，随着 TFT 特性的改善，相信会有越来越多的逻辑电路集成在面板上。

第34问 什么是强化玻璃

　　盖板玻璃（Cover Lens）主要应用于触摸屏最外层，其主要原材料为平板玻璃，需经过切割、减薄、强化、镀膜等工艺处理后才具有防冲击、耐刮花等功能。可玻璃本身是很脆且易碎的，而盖板玻璃厚度又都要求很薄，为何还能够起到保护显示屏的作用呢？这就是强化处理的功劳了。

　　玻璃的强化方式可分为两种，一种是物理强化，另一种则是化学强化。物理强化是指将玻璃进行加热，至软化温度后再急速冷却，此时玻璃表面就会形成压缩状态来增加它的强度。玻璃表面的压缩力跟它的中心层互相牵引平衡，会给予充分的张力（如图1所示）。而当外力超过它内部封闭的张力的话，这时张力就会失去平衡而使玻璃粉碎，呈细粒状。物理强化玻璃用途非常广泛，例如建筑物、汽车中都能看到它的身影。物理强化玻璃的耐压力及耐冲击力是普通玻璃的3～5倍，且耐温度变化可达250℃，但是强化后的玻璃无法再进行钻孔或切割等加工，破碎时会变成细碎的颗粒状，且颗粒呈钝角状，不会伤人。

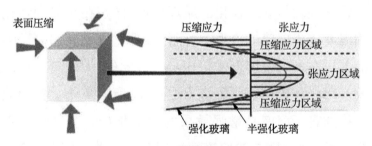

图 1　强化玻璃内部应力分布示意图

　　化学强化是指通过改变玻璃表面的化学组成来提高玻璃的强度,一般有 5 种方法,分别是高温型离子交换法、低温型离子交换法、脱碱法、表面结晶法以及硅酸钠强化法。通常使用的是低温型离子交换法来进行强化,即在比玻璃应变点低的温度区间,用比玻璃表层碱金属离子(如 Na^+)还大一些的离子(如 K^+)与之进行离子交换,使 K^+ 进入玻璃表层而得(如图 2 所示)。例如,将 $Na_2O + CaO + SiO_2$ 的碱金属玻璃浸渍于 400 ℃以上的熔融盐中十几个小时,即可得到高强度的化学强化玻璃。低温型离子交换法具有处理方法简单、不损坏玻璃表面透明性、玻璃不易变形等优点。

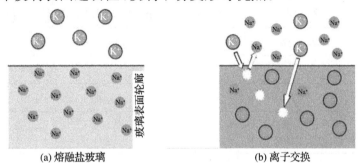

图 2　钠钾离子交换示意图

化学强化与物理强化的原理相似,区别在于物理强化是利用温度造成玻璃的应力差,而化学强化则是利用离子体积上的差异在玻璃表层形成挤压应力。此外,大的离子挤压进玻璃表层的数量与表层压应力成正比,所以离子交换的数量与交换的表层深度是增强效果的关键指标。但与物理强化不同的是,因为只有玻璃表面离子参与交换,所以玻璃经过化学强化之后是可以进行切割、钻孔等后加工工艺的。

化学强化玻璃的强度是普通玻璃的5~10倍,抗弯强度是3~5倍,抗冲击强度是5~10倍,均优于物理强化玻璃。表1整理了物理强化玻璃与化学强化玻璃的特性比较,从中可以更详细了解两者之间的差异。

表1 物理强化玻璃与化学强化玻璃的特性比较

项目	物理强化	化学强化
压应力值	低	高
压应力层深度	深(约为玻璃厚度的1/6)	浅(10~300 μm)
张应力值	高(约为压应力的1/2)	低
处理时间	短(5~10 min)	长(30 min 至数天)
处理后变形	轻微	无
玻璃厚度及形状	受限制	无限制
后加工	不可	可
抗冲击强度(与普通玻璃相比)	3~5 倍	5~10 倍

第 35 问 为什么 OLED 面板需要偏光片

从 AM-OLED 的结构来看,由于 AM-OLED 是将红、绿、蓝等彩色材料利用蒸镀、印刷或是涂布等制程使其均匀成膜于基板上,本身就是自发彩色光,因此不需要背光源、扩散板、导光板、增亮膜等与背光相关的零组件,也不需要彩膜(除非 LGD 使用白光 OLED 才需要彩膜来制造色彩)。由图 1 的比较中可清楚看出 OLED 比起 LCD 少了许多元件,因此更加的轻薄且兼具柔性发展的潜力。

既然 OLED 是自发光,并不像液晶显示器需要利用偏光板来控制亮暗,那为何还需要圆偏光片呢? 这是因为 OLED 结构中有金属电极,因此会反射环境中入射的光线,造成对比下降以及于户外使用状况下的显示品质下滑,而这个问题可简单地通过加上一块圆偏光片来解决。但是偏光片的使用也衍生了一些问题,除了制造成本增加之外,圆偏光片会吸收超过一半的面板发光强度,使得功耗变成两倍以上;此外,由于偏光片具有一定的硬度和厚度,使得 OLED 柔性显示器的发展受到相当的影响。因此,对于 OLED 面板如何减薄甚至无需使用偏光片,一直是个极具价值的研究课题。

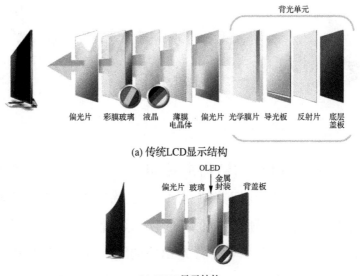

(a) 传统LCD显示结构

(b) OLED显示结构

图1　OLED 与 LCD 结构比较

圆偏光片是如何消除金属反射的呢? 图 2 清楚地说明了圆偏光片的抗反射原理:经过最外的偏光片,环境光仅剩一

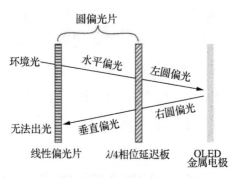

图2　圆偏光片结构及工作原理

半的线性偏光,其下夹角 45°的 $\lambda/4$ 相位延迟板可将线性偏光转换成圆偏光(假设为左圆偏光);当环境光被金属电极反射后会形成相位垂直的圆偏光(例如右圆偏光),如此一来,再经过 $\lambda/4$ 相位延迟板之后,最终呈现偏光相位与原来线性偏光透过轴方向垂直而无法出光,因此环境光就被阻隔在圆偏光片之内,人眼不会看到金属电极的反光了。

第 36 问 OLED 照明器件为什么需要光提取结构

在 OLED 器件中,注入发光层中的电子和空穴仅有部分可以结合成电子空穴对,这部分电子空穴对也只能部分地变成激子,并且这部分激子也只能部分地放出光子。我们把 γ 作为电子与空穴的注入平衡因子或结合率,把 η 作为电子空穴对转变成激子的比率,把 q 作为激子放出光子的比率。内部量子效率 κ_{int} 是指注入多少的载流子产生了多少光子的比率,即 $\kappa_{int} = \gamma \times \eta \times q$;而外部量子效率 κ_{ext} 是指注入多少的载流子与最后能射出器件多少光子的比率,即 $\kappa_{ext} = \delta \times \gamma \times \eta \times q$,其中 δ 为出光率。也就是说,外部量子效率就是内部量子效率再乘以一个出光率 δ。

一般情况下,由于离子体模式(Plasmonic Mode)、波导模式(Waveguide Mode)和衬底模式(Substrate Mode)这三种模式的出光损失,导致出光率较小(不到 20% 左右),大部分的光被浪费掉了。

(1) 离子体模式:一部分光受到等离子吸收而损失,以及金属电极内的电子振动引发的等离子体耦合作用导致的光吸收和光电磁场导致的光吸收。

（2）波导模式：一部分光在 OLED 有机材料层与玻璃层边界处形成多重全反射而损失，无法从 OLED 器件内射出。

（3）衬底模式：一部分光虽然从 OLED 有机材料层出射至玻璃层内，但是在玻璃层与大气层交界处形成多重全反射而损失，无法从玻璃内射出。

为了减少这些损失，可以通过光提取结构设计来增加出光率。下面我们简单介绍三种常用的 OLED 照明器件光提取结构，即微透镜结构、扩散结构、衍射结构。

如图 1 所示是微透镜阵列结构示意图。微透镜结构的原理是将原本入射角大于临界角的射线角度减小，从而使全反射减少，能够出射的光增多。若使用折射率较小的高分子材料制作微透镜，可以在与空气的界面处得到较大的临界角，同时可以改善视角。

图 1　微透镜阵列结构示意图

扩散结构可以分为 IES（Internal Extraction Structure，即内部提取结构）和 EES（External Extraction Structure，即外部提取结构）扩散结构，它们都是一种光散射层。其中，IES 扩散结构可以减少因波导模式效应损失的光，EES 扩散结构可以减少因衬底模式效应损失的光。如图 2 所示是 IES 与 EES 扩散结构示意图。

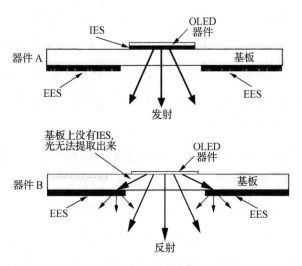

图 2 IES 与 EES 扩散结构示意图

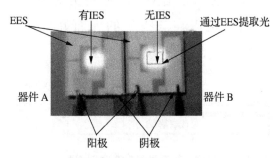

图 3 IES 与 EES 扩散结构的亮度对比示意图

如图 3 所示是 IES 与 EES 扩散结构的亮度对比示意图。在 IES 扩散结构下,波导模式中的光被提取出来,所以发光区域的亮度增高了。而在只有 EES 扩散结构下,由于波导模式引起的光损失,发光区域的亮度较低,大量的光在 OLED

器件中传播开来,所以发光区域周围变亮(其中有部分光被EES扩散结构提取至周围区域)。表1是IES与EES扩散结构的测试数据。

表 1　IES 与 EES 扩散结构的测试数据

结构	电流密度 (mA/cm²)	亮度 (cd/m²)	外量子效率 (%)	电流效率 (cd/A)	色坐标 x轴	色坐标 y轴	电压 (V)	能源效率 (lm/W)
—	5	651	5.7	13.0	0.493	0.434	3.1	13.0
仅 EES	5	1269	11.0	25.4	0.492	0.430	3.3	24.1
仅 IES	5	1430	13.0	28.6	0.475	0.408	3.1	29.0

如图4所示是衍射结构示意图。衍射结构采用栅格设计,搭配高折射率层。因为栅格间距要求,使相邻栅格间的光程差等于单色光波长的整数倍。在多波长白光设计时,采用接近或小于可见光波长的栅格间距来对应,光会被散射开来,这时就与波长无关了。

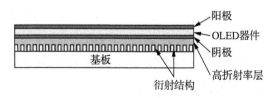

阳极
OLED器件
阴极
基板
衍射结构
高折射率层

图 4　衍射结构示意图

上述光提取结构仅仅适用于 OLED 照明应用,不适用于OLED 显示应用,这是因为光提取结构的漫散射性质会引起图像模糊和混色问题。

第37问 3D 显示技术有哪些

3D 显示技术有许多种，例如图 1 所示的三维立体投影（可在楼体、水幕、空气雾幕等进行显示）、电影院普遍使用的 3D 眼镜、家用电视的裸眼 3D 技术等等。

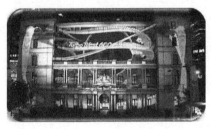

（a）楼体投影 　　　　　　　（b）空气雾幕

图 1　三维立体投影

到目前为止，主流的 3D 显示技术都是基于二维平面上所显示的。以三维投影为例，是通过计算机图形科学中的平行投影或透视投影的方法，在二维的平面上显示出三维物体，其过程包含了对被投影物体的取景和观察来建立相应的三维模型，并根据投影仪的位置、朝向和视野等因素来建立坐标，然后经过投影变换以及灯光效果来实现出三维效果（具体的显示流程如图 2 所示）。而这也是三维投影技术最为常见的方式。

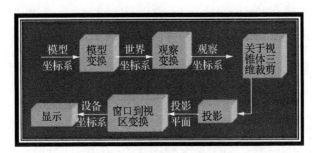

图 2　三维图形显示流程图

　　而无论是眼镜式 3D 还是裸眼 3D，虽然技术上有些差异，但基本原理都是根据人左右眼的视觉差异，通过画面的一些设置让大脑误以为眼睛所看到的是三维影像。因为人的两眼分开约有 6 cm 距离，两只眼睛除了瞄准正前方以外，看任何一样东西的角度并不相同，虽然差距很小，但经过视网膜传到大脑后，大脑就是利用这微小的差距对物体产生远近的深度，从而产生立体感。根据这一原理，如果把同一景象根据两只眼睛视角的差距制造出两个影像，再分别传进左右眼的话，就可以透过视网膜使大脑产生景深的立体感。

　　下面我们介绍一下全息成像技术。所谓全息是指在真实世界中呈现出一个 3D 的虚拟空间。全息成像目前还没有真正进入应用阶段，但是已经有不少打着全息名号的技术，譬如目前所能看到的关于全息 3D 的应用，都是一种伪装的全息技术，即全息投影。

　　全息投影技术在原理上是利用干涉和衍射记录并再现

物体真实的三维图像的技术,其本质是利用光学原理,在空气或者特殊的立体镜片上形成立体的影像。全息投影技术能够呈现 360°的 3D 影像,观众无论从任何角度观看影像皆不会失真。但该技术其实并不能称之为全息,因为其所利用的还是投影反射原理。

真正的三维全息成像技术可以看作是一个全息摄像机快速刷屏的过程,其原理是利用干涉和衍射原理记录下物体光波并再现物体光波波前的一种技术(如图 3 所示)。

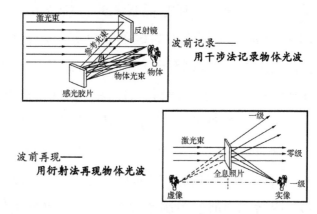

图3 全息成像技术原理

其运作流程的第一步是利用干涉原理记录物体光波信息。此步骤可视为拍摄过程,记录下物体光波上各点的位相和振幅,并转换成在空间上强度变化的信息。记录下干涉条纹的底片经过显影、定影等处理之后,便成为一张全息图(或称全息照片)。

第二步则是利用衍射原理再现物体光波信息。此步骤便是成像过程,再现的图像有两个像,即原始像和共轭像,立体感强且具有真实的视觉效应。因为全息图的每一部分都记录了物体上各点的光信息,故原则上它的每一部分都能再现原物体的整个图像。

全息成像技术与全息投影技术的最大区别在于全息投影依然受到立体镜面所组成的 360° 投射空间的限制,而全息成像所呈现的静态/动态影像几乎可以和真人一样面对面地互动。

第38问 什么是 Micro OLED

Micro OLED 又称为 OLED on Silicon(中文意思为硅基 OLED),属于微型显示器的一种。Micro OLED 微显示器件区别于常规利用非晶硅、微晶硅或低温多晶硅薄膜电晶体为背板的 AM-OLED 器件,它是以单晶硅芯片为基底,像素尺寸为传统显示器件的 1/10,分辨率远远高于传统器件。此外,在结构上 Micro OLED 微显示器基本都是采用顶发射 OLED 技术,以白光透过彩膜的方式实现彩色化,配合薄膜封装技术在制作彩膜时对 OLED 器件形成保护(如图 1 所示)。

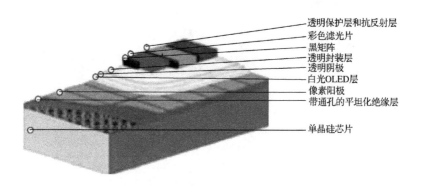

透明保护层和抗反射层
彩色滤光片
黑矩阵
透明封装层
透明阴极
白光OLED层
像素阳极
带通孔的平坦化绝缘层

单晶硅芯片

图 1 Micro OLED 结构示意图

单晶硅芯片采用现有成熟的集成电路 CMOS 工艺，不但实现了显示屏像素的有源寻址矩阵，还在硅芯片上实现了如 SRAM 存储器、T-CON 等多种功能的驱动控制电路，大大减少了器件的外部连线，并增加了可靠性，实现了轻量化。

与传统的 AM-OLED 显示技术相比，Micro OLED 微显示技术有几项突出的特点：

（1）基底芯片采用成熟的集成电路工艺，可通过集成电路代工厂制造，制造良率更是大大高于目前主流的 LTPS 技术；

（2）采用单晶硅，迁移率高、性能稳定，并且寿命高于一般的 AM-OLED 显示器；

（3）200 mm ×200 mm 的 OLED 蒸镀封装设备既可以满足制造要求，且与 8 英寸的晶圆兼容，而不像面板厂需要一直追求高世代产线；

（4）响应速度快，OLED 像素更新所需时间小于 1 μs，显示画面更流畅，从而减少视觉疲劳。

Micro OLED 微显示技术非常适合应用于头盔显示器、立体显示镜以及眼镜式显示器等等（如图 2 所示）；如与移动通讯网络、卫星定位等系统连在一起，则可以在任何地方、任何时间获得精确的图像信息；无论是对于民用消费领域，还是工业应用领域，甚至军事领域，都提供了一个极佳的近眼显示应用解决途径。但由于目前 Micro OLED 微显示器价格较高，因此主要应用于高端产品。

（a）头盔显示器　　　　　　　（b）眼镜式显示器

图 2　Micro OLED 微显示应用

近眼显示设备强调的是大屏沉浸感，这就需要显示画面非常细腻，故对像素分辨率要求极高；同时，近眼显示过程为了避免晕眩感，也需要极高的刷新率。对此，业内以"两个2000"来形容近眼显示，即 2000PPI 的分辨率和 2000 Hz 的刷新水平才能提供理想的近眼显示效果。然而，目前近眼显示设备采用的低温多晶硅 OLED 产品只能提供最高 800PPI和 120 Hz 的技术指标，在显示器核心芯片品质不够高的背景下，产品体验感不理想，晕眩等副作用过大，这也是 2016年头戴显示设备突然兴起而后又迅速降温的原因。

而采用集成电路结构是因为两个重要因素，第一是硅基OLED 是典型可承载高刷新率技术的产品；第二是单晶或者高纯度硅半导体材料比非晶硅、低温多晶硅、金属氧化物等在"电流通过量"上还具有优势。因此，从分辨率、刷新频率、大电流承载等需求角度来看，Micro OLED 微显示技术都是近眼显示设备最佳的选择。

第 39 问　什么是 OLCD

　　所谓 OLCD，其实应该称为柔性 LCD 较佳，而并不像 OLED 中的 O 是指使用有机分子作为显示材料，这里读者千万不要误会了。

　　目前市面上已有许多的柔性 OLED 产品，尤其是手机，但迟迟未听闻柔性 LCD 产品问世，这是为何？以现在如此多的液晶面板厂来说，这并不合理，难道液晶面板厂愿意将手机产品这块大饼拱手相让？其实这恰恰说明了 LCD 想要柔性化的难度远比 OLED 高得多了。

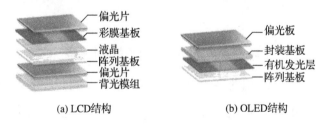

(a) LCD结构　　　　　　　　　(b) OLED结构

图 1　LCD 与 OLED 结构的比较

　　LCD 柔性化的难度为何比 OLED 高？这从它们的结构上就可以看出一些端倪。如图 1 所示，LCD 非自发光，因此

127

需要背光源；而 OLED 为自发光，因此无需背光源。背光模组除了占有一定的厚度之外，目前也无柔性的背光模组开发出来使用，这是 LCD 无法柔性化的最大问题所在。

同时，液晶具有流动性，当挠曲时产生的流动会影响显示效果[不过日本东北大学已经研发出网络结构的防流动隔层（如图 2 所示），除了可解决液晶流动问题外，还可保持一定的液晶盒间隙，并保持稳定的液晶取向]；由于液晶显示是依靠电控液晶相位搭配上下偏光片显示亮暗态，当挠曲时因液晶盒间隙改变、液晶指向改变或偏光片夹角角度改变都会影响亮暗态的变化。相对而言，OLED 为固态薄膜且自发光，并无上述液晶的这些问题。

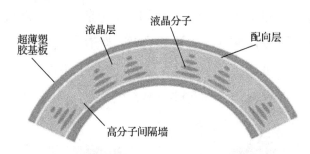

图 2　防流动聚合物壁隔间结构示意图

此外，LCD 相对弱势的还有柔性基板的选择，必须挑选透明且无相位延迟的塑料基板，但这种基板通常无法承受高温制程，必须牺牲掉部分的光学特性。而 OLED 若选择顶发光模式，可使用不透明且可承受高温制程的基板。

即便柔性 LCD 困难重重，还是有一些产品的样机问世的。例如 Japan Display(JDI)在 2017 年初推出的名为 Full Active Flex 的 5.5 英寸软性 LCD 屏幕,虽然显示分辨率仅为 401PPI,但却可让屏幕在弯折形式下运作使用。

　　LCD 实现柔性在原理上虽可行,但工艺制程上相当繁琐复杂,丝毫不比 OLED 简单,同时与 OLED 自发光相比,需背光导致的 LCD 显示视角偏小、对比度较差等劣势依然存在。因此,不管是基于技术不够成熟或是成本上的种种考虑,各大厂商似乎对于柔性 LCD 的开发不再尽心尽力,目前仅有少量样机提供展示,对性能提升和量产而言还有相当长的路要走。

第40问 什么叫蛇形配线

在本书第1辑中有讲到窄边框技术和扇出（Fanout）区的布线问题，而蛇形配线就是这个布线方式的一种，用来实现更窄边框。

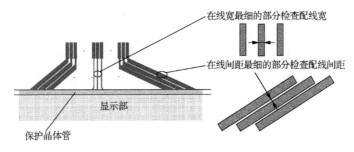

在线宽最细的部分检查配线宽

在线间距最细的部分检查配线间距

显示部

保护晶体管

图1　引出配线区示意图

首先我们来了解一下显示面板边框部分的布线设计（如图1所示）。在显示区到端子间需要配置引出斜线（引出配线），连接端子和像素内配线。通常端子的 IC 的引脚更为密集，端子步进（Step）比像素步进更小，形成了像扇子骨架一样的结构，称为扇出区域，也称为端子块（Block）。为了保持各条引出配线电阻相等，在膜厚和方块电阻一定的条件下，这

些斜线就随着距离的增大而变粗,随着距离的减少而变细。电阻公式是

$$R = \frac{\rho \times l}{S} = \frac{\dfrac{\rho}{d} \times l}{w}$$

式中,ρ 为方块电阻的电阻率;l,w,d 分别为方块电阻的长、宽、厚。中间的线短而细,线间距大;而到两边时,线长而粗,间距变小。如图 2 所示,线间距最严格的地方是在每个端子块的边上。

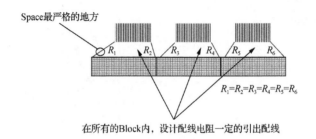

图 2　端子块示意图

在制造工艺中为了尽量减少断线、短路(Shot)不良,有最小线宽的规格值,如最小线宽在 3 μm 以上,线间距在 4 μm 以上等等。那么问题来了:当需要端子和显示区的距离越来越近的时候(更窄边框的要求),为了保证各引出配线等电阻,中间的线肯定会细到小于最小线宽,而边上的线肯定会粗到线间距大于最小间距,这时如何更窄呢?

我们仔细观察整个布线区,发现中间线面积密度稀疏,边上线面积密度密集。如果把它们平均一下,使布线面积均

匀一点,从而蛇形配线方式出现了。蛇形配线,顾名思义就是像蛇一样弯弯曲曲地配线。

下面我们介绍一下这个设计方法。如图 3 所示,首先我们根据配线间距确保大于最小线宽的条件来设定最大线宽,进行等间距、等线宽自动布线。

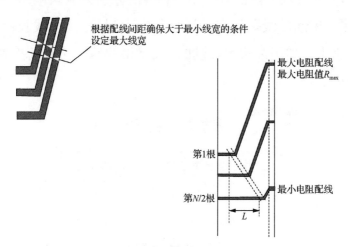

图 3　等线宽等间距布线示意图

我们来进行一些定义,具体如下:

R_{max}:最大电阻配线的电阻值;

R_{unit}:1 个蛇形配线单元的电阻值;

N:引出配线 Block 内的端子数;

α:每个蛇形配线单元的端子方向的长;

β:每个蛇形配线单元的横方向的长;

ω:蛇形配线的宽;

L:引出配线直线部的长度。

接下来,我们开始具体的配置步骤(如图 4 和 5 所示):

(1) 决定每条蛇形配线的电阻值:

$$R_{\text{unit}} = \frac{R_{\max}}{N/2 - 1}$$

(2) 决定 1 个蛇形配线单元的端子方向的长:

$$\alpha = \frac{L}{N/2 - 1}$$

(3) 决定 $\gamma(\gamma = \alpha + 2\beta)$ 和 ω,作成蛇形配线单元(例如首先固定 $\omega = 3\ \mu\text{m}$,决定 γ)。需要注意与隔壁的蛇形配线的距离大于最小线间距。

(4) 删除直线部的引出配线,配置蛇形配线单元。

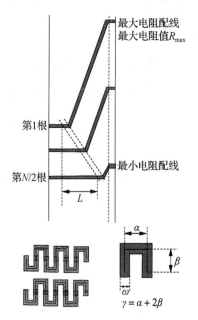

图 4   蛇形配线单元示意图

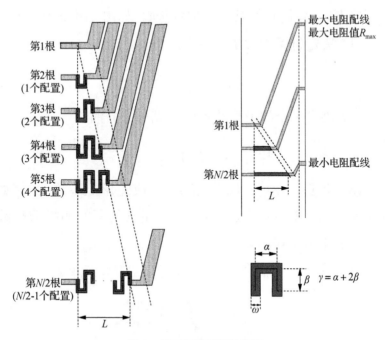

图5　蛇形配线配置示意图

最后我们来看一下图 6 就更加清楚了:蛇形配线部的电阻加上斜配线部的电阻就是最边上那根最大电阻配线的最大电阻值 R_{max}。是不是很精妙?

当然,现在设计软件的自动布线技术已经可以完成这一设计算法,但是当年却要阵列后全手动一个个删单元及反复检查。

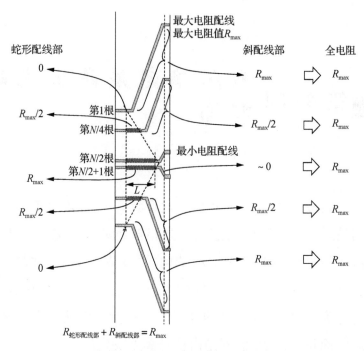

图 6　蛇形配线电阻分布示意图

本文最后致谢这一设计算法的发明人浮田亨先生,因为他的付出我们才能取得如此大的进步。

第41问 如何确定液晶盒内的柱高

确定液晶盒内的柱高是成盒设计工程师必须要掌握的一门技术。这里所说的液晶盒是指阵列基板和彩膜基板加持液晶形成的类似三明治的结构，再在周边涂上一圈框胶，液晶就被密封在像盒子一样的上下基板中了。我们把这一结构称为液晶盒。需要说明的是，液晶量是由液晶盒厚乘以框胶内面积决定的，而不是由柱子高度决定的。

为什么要使用柱子呢？因为两片玻璃基板内如果没有任何支撑的话，当显示面板竖立时，液晶由于受重力作用会向下垂流，使得面板下面的盒厚较大，上面的盒厚较小，形成显示不均。这种不良称为液晶垂流姆拉。在 TN 模式下，由于不同波长的光的透过率不同，不良显示区域的红光、绿光透过较多，显示出黄黄的效果，又称为下边黄色姆拉。因此需要在液晶盒内按照一定比例（密度和大小）均匀配置支撑物（球状 Spacer、柱状 Spacer）来保持液晶盒的各个位置的盒厚一致，液晶也就无法向下垂流了。

那么柱子高度岂不就是液晶的盒厚，即上下基板间的距离吗？问题没有这么简单。参考图1，我们先来了解一下估算柱高度的公式：估算柱高＝（设计盒厚＋色阻膜厚补正－TFT段差＋液晶体积膨胀分量的压入量）÷贴合之前的工程内的缩小率。其中，色阻膜厚补正是在R，G，B各色阻的膜厚不同的情况时要进行膜厚补正，色膜厚补正＝R，G，B平均膜厚－B膜厚，通常主柱子都是压在B（蓝色）子像素的BM上的；TFT段差是配置柱部分的各层膜厚减去像素开口部的各层膜厚；液晶体积膨胀分量的压入量是当温度上升时，为了不发生由于液晶体积膨胀导致黄色显示不均，必须使柱子适应液晶体积膨胀，因此预先要计算出这部分的分量压入量；贴合之前工程内的缩小率是在配向膜烧成时，由于热会导致柱收缩，其值与柱子材料、烧成条件有关系。

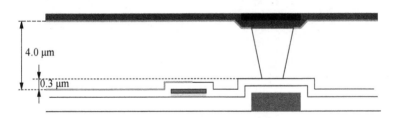

图1　像素内柱子支撑示意图

下列我们举一实例来计算柱高，已知：

（1）设计盒厚：4.0 μm；

（2）R，G，B的色阻膜厚：R为1.2 μm，G为1.1 μm，B为1.0 μm；

（3）G段差：0.3 μm；

（4）液晶的体积膨胀系数：7.5×10^{-4}/℃；

（5）贴合工程之前的工程内缩小率：97.5%。

解 色膜厚补正 $= (1.2 + 1.1 + 1.0)/3 - 1.0$

$$= 0.1(\mu m);$$

TFT 段差 $= 0.3\ \mu m$；

液晶体积膨胀的压入分量 $= 4.0 \times 7.5 \times 10^{-4} \times (65 - 25) = 0.12(\mu m)$，保证室温 $25 \sim 65\ ℃$ 时不发生黄色显示不均现象。

因此，估算柱高 $= \dfrac{4.0 + 0.1 - 0.3 + 0.12}{0.975} = 4.02(\mu m)$。

当然，还需要加减经验补正量，并且按照中心柱高及上下各取三组数据来进行计算。

第 42 问　夏普的 PLAS 新技术是什么

　　日本夏普公司在 2016 年开发出了一项新技术——PLAS（Partial Laser Anneal Silicon，即局部激光硅退火）技术。该项技术制作的薄膜晶体管（TFT），迁移率高达 $28.1\ cm^2/(V \cdot s)$，大大超过了量产的氧化物 TFT；其采用了底栅结构，相对于 LTPS 具有更好的光稳定性。这项创新技术能够将普通的非晶硅以最容易的和廉价的方式转化为高迁移率的 TFT；同时，它还不受基板尺寸的限制，可应用于 10 世代线或更高世代线；此外，PLAS 的光稳定性特别适合 OLED 背板，可应用在高动态范围电视和户外 IDP 上。

　　近年来，使用薄膜晶体管（TFT）的电视和手机正在向高解像度发展。主流的电视已经到了 4K，手机到了 FHD，此外也已经有 8K 电视和 4K 手机。这些高解像度显示器需要更高的迁移率，如低温多晶硅（LTPS）TFT 和氧化物 TFT。

　　传统的 LTPS TFT 使用激光退火技术将化学气相沉积（CVD）形成的非晶硅转化为多晶硅，如准分子激光退火（Excimer Laser Annealing，简写为 ELA）。它的迁移率大约在 100 cm²/(V·s)，优于量产的氧化物 TFT〔氧化物 TFT 的迁移率大约在 10 cm²/(V·s)〕。但是，由于线形激光束的长度限制，很难将激光系统应用于大型基板上，因此 LTPS TFT 生产线最大基板尺寸还只到了 6 世代线（虽然最近也出现了关于 8.5 世代线形激光系统的报导）。

此外，对于 LTPS 来说，关态电流也是它的另一个问题。为了减少关态电流，使用了轻掺杂漏极结构（Lightly Doped Drain，简写为 LDD）。为了形成具有 LDD 的 LTPS TFT，通常使用顶栅结构，但另一方面，对于非晶硅 TFT，为了制造方便和降低成本，通常使用底栅结构。将非晶硅 TFT 转化成 LTPS TFT 需要花费很高的成本，因为 LTPS 需要 ELA、离子注入和掺杂激活工艺。因此，LTPS 对于大基板的工厂如 10 世代线来说是很难采用的高迁移率工艺。也有少量工厂采用无 LDD 的底栅 LTPS，在多晶硅上覆盖一层非晶硅来代替 LDD，多晶硅没有直接接触到源漏极金属。由于多晶化是会受到表面影响的，如栅电极、栅极锥角和玻璃等，因此采用底栅结构是很难控制多晶化的。

在大尺寸面板的高迁移率 TFT 上，氧化物 TFT（如铟镓锌氧化物）由于光稳定性低，可靠性很难控制。因此，也仅有几家工厂的产线能够量产大尺寸面板，并且同时改善光稳定性，如采用 C 轴取向晶体（C-Axis-Aligned Crystal，简写为 CAAC）铟镓锌氧化物和双栅结构等。对于多晶化，PLAS 使用了局部激光退火系统。传统的激光系统使用的是线形光束,而该系统中使用的是微透镜阵列局部激光(如图 1 所示)。局部激光退火系统能够将可选的和局部的区域进行多晶化(如在栅电极上的 TFT 沟道),因此该系统能够改善底栅结构的基板内结晶化的均一性和 TFT 特性。此外,该系统采用了激光退火精确定位技术,通过高速解像度照相机捕捉到图像,然后进行实时图形处理,计算出目标 TFT 沟道区域的位置,进行原点的反馈控制。PLAS 技术能够提高大型基板的多晶化产能(如 10 世代线),并且 PLAS 既可以使用准分子激光,也可以使用 Nd:YAG(钇铝石榴石晶体)激光。

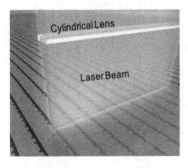

(a) 传统激光退火系统　　　　(b) 局部激光退火系统

图 1　激光束类型

如图 2 所示,是非晶硅和 PLAS 的底栅结构工艺流程;如图 3 所示,是 PLAS 沟道刻蚀型(Channel Etching,简写为 CE) TFT 和刻蚀阻挡型(Etching Stopper,简写为 ES) TFT。PLAS CE TFT 的工艺流程大部分兼容非晶硅,区别仅仅是去氢、激光退火和第二次 CVD(n^+/α-Si)。因此,和非晶硅一样,PLAS CE TFT 的曝光掩模版也是 4~5 道,具有低成本的优点。

Gate Depo	Gate Depo	Gate Depo
Photolithography	Photolithography	Photolithography
Gate Etching	Etching	Etching
n+/αSi/GI CVD	αSi/GI CVD	SiO2/αSi/GI CVD
	Dehydrogenation	Dehydrogenation
	Laser Annealing	Laser Annealing
	n+/αSi CVD	Photolithography
		SiO2 Etching
		n+/αSi CVD

SD Depo	SD Depo	SD Depo
Photolithography	Photolithography	Photolithography
SD/Si Etching	Etching	Etching
Passivation Depo	Passivation Depo	Passivation Depo
Photolithography	Photolithography	Photolithography
Passivation Etching	Etching	Etching
ITO Depo	ITO Depo	ITO Depo
Photolithography	Photolithography	Photolithography
ITO Etching	Etching	Etching
(a) α-Si TFT	(b) PLAS CE TFT	(c) PLAS ES TFT

图 2　工艺流程

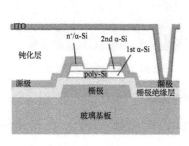
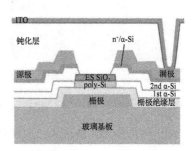

（a）PLAS CE TFT　　　　　（b）PLAS ES TFT

图 3　PLAS TFT 的断面图

相比于 PLAS CE TFT，PLAS ES TFT 具有无背沟道损伤以及沟道硅厚度均一性好的优点，但是需要进一步增加光刻和 SiO₂ 刻蚀工艺。PLAS ES TFT 的光罩是 5 道。通过

142

PE-CVD 来连续沉积栅极绝缘层、非晶硅和 ES SiO$_2$,在去氢后,激光通过 ES SiO$_2$ 照射到非晶硅前驱体上。因为 SiO$_2$ 不吸收激光(如准分子激光),所以非晶硅前驱体被多晶化了。

在栅电极上两种类型的 TFT 退火区域通过该系统进行了多晶化,没有曝光和刻蚀。另一方面,该系统能够晶化在栅电极上的 TFT 沟道的局部区域,所以该系统能够更容易地控制结晶。

夏普使用了 ELA,通过 351nm 的氟化氙(XeF)激光来进行多晶化。如图 4 所示是 PLAS CE TFT 在各种功率密度下的传输特性,激光退火的 TFT 的迁移率要比没有退火的高(都去氢了)。这些结果显示通过 ELA 后,多晶硅的质量得到了明显改善。

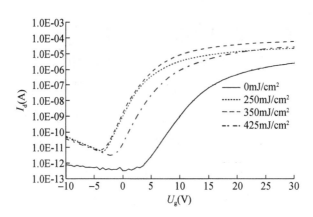

图 4　PLAS CE TFT 在不同激光条件下的传输特性

($w/l = 11/4$,激光宽度为 12μm,$U_{ds} = 10$ V,照射次数是 20 次)

如图 5 所示是关于 PLAS CE TFT 的功率密度、照射次数与迁移率的关系。在 350 mJ/cm^2 以下,迁移率正比于功率密度；超过 350 mJ/cm^2 时，迁移率急剧下降。这是由于 ELA 导致微晶硅生长引起的（后面将进行再次说明）。因此，夏普采用的功率密度是在 300～350 mJ/cm^2 之间。

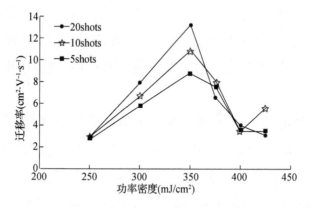

图 5　PLAS CE TFT 的功率密度、照射次数与迁移率的关系
（$w/l = 11/4$，激光宽度为 12 μm，$U_{ds} = 10$ V）

　　为了比较结晶质量和传输特性，夏普在玻璃基板上制作了不同功率密度下的多晶硅退火薄膜（如图 6 所示）。通过 SECCO 刻蚀处理后的 SEM 图像，夏普观察到多晶硅的晶界。在这些图像中，对应功率密度分别为 250 mJ/cm^2，300 mJ/cm^2，350 mJ/cm^2 和 400 mJ/cm^2 条件时，各自的多晶硅薄膜的晶粒尺寸分别为～50 nm，～200 nm，～100 nm 和～50 nm。晶粒尺寸和迁移率的关系是相对应的，这是因为在玻璃和栅电极之间激光退火的效率是不同的。而当功率密度超过 400 mJ/cm^2 时，微晶硅生长的发生导致了迁移率的下降。

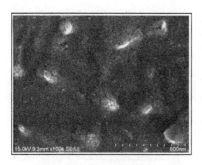

(a) 250 mJ/cm²

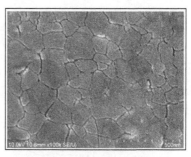

(b) 300 mJ/cm²

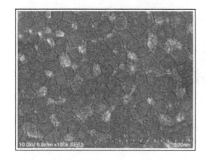

(c) 350 mJ/cm²

(d) 400 mJ/cm²

图 6　在玻璃基板上的多晶硅的扫描电子显微镜图像

（照射次数为 20 次）

　　如图 7 所示是 PLAS ES TFT 的传输特性。同 PASL CE TFT 的传输曲线一样（如图 4 所示），通过 ELA 后，迁移率得到了改善。

　　如图 8 所示是 PLAS ES TFT 的功率密度和迁移率的关系。不同于 PLAS CE TFT 的结果，在 $150\sim400$ mJ/cm² 之间，迁移率成比例增加，峰值点没有被观察到。PLAS ES TFT 的峰值点被认为是移动到了高功率密度方向上去了。这一结果是因为 ES 的 SiO_2 层降低了有效的激光能量，使得

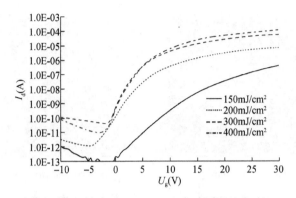

图 7　PLAS ES TFT 在不同激光条件下的传输特性

（$w/l = 11/6$，激光宽度为 11 μm，$U_{ds} = 10$ V）

在 ES 结构时激光的效果相对较小。

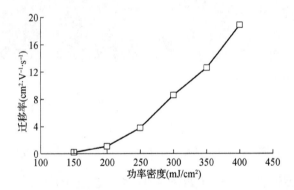

图 8　PLAS ES TFT 的功率密度和迁移率的关系

（$w/l = 11/6$，激光宽度为 11 μm，照射次数为 20 次）

　　此外我们还能发现，ES TFT 的迁移率在 400 mJ/cm^2 时为 18.9 cm^2/(V·s)，比 CE TFT 在 350 mJ/cm^2 峰值点的迁移率 13.7 cm^2/(V·s) 要更大，这是因为 TFT 结构的不同以及背沟道刻蚀损伤造成的。以上这些结果表明 ES TFT 比 CE

TFT 具有达到更高迁移率的潜力。对比 CE TFT，夏普采用了 300 mJ/cm² 的 ES TFT。

如图 9 所示是 PLAS CE TFT 和 PLAS ES TFT 的传输特性，激光条件是 300 mJ/cm²，20 次照射，或 350 mJ/cm²，50 次照射。CE TFT 在 300 mJ/cm²，20 次照射后的迁移率为7.32 cm²/(V·s)，$U_{th}=1.48$ V，$I_{off}=37.1$ pA；ES TFT 在 300 mJ/cm²，20 次照射后的迁移率为 11.41 cm²/(V·s)，$U_{th}=1.67$ V，$I_{off}=50.7$ pA。ES TFT 比 CE TFT 具有更高的迁移率。此外，ES TFT 在 350 mJ/cm²，50 次照射后的迁移率为 28.1 cm²/(V·s)，比量产的氧化物 TFT 更大。

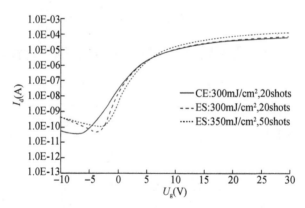

图 9　PLAS CE TFT 和 PLAS ES TFT 在不同激光条件下的传输特性
（$w/l=10/4$，激光宽度为 12 μm，$U_{ds}=10$ V）

如图 10 所示是 PLAS ES TFT 与激光宽度相关的传输特性，激光条件是 300 mJ/cm²，20 次照射。这里激光宽度是通过激光掩模版产生的，不需要曝光和刻蚀。激光宽度 $x=$

12 μm时的迁移率为7.32 cm^2/(V·s)，$U_{th}=1.48$ V，$I_{off}=$ 37.1 pA。

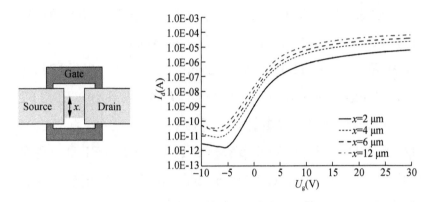

图10　PLAS ES TFT 在不同激光宽度下的传输特性

（$w/l=10/4$，$U_{ds}=10$ V）

如表 1 所示是不同激光宽度下的其它 TFT 特性。

表 1　TFT 特性汇总

TFT 特性	激光宽度（μm）		
	2	4	6
迁移率（cm^2·V^{-1}·s^{-1}）	3.07	7.36	8.64
U_{th}（V）	1.68	1.66	1.71
I_{off}（pA）	1.7	8.5	22.8
I_{on}（A）（$U_g=30$ V）	6.21E − 05	2.33E − 05	3.96E − 05

如图 11 所示是激光宽度和迁移率、开态电流的关系。

I_{on} 和 I_{off} 均正比于激光的宽度。相反，在超过 4 μm 的激光宽度时，迁移率几乎同样是 8.00 cm^2/(V·s)左右；但

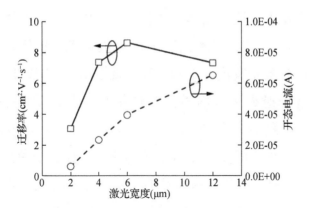

图 11　激光宽度和迁移率、开态电流的关系

是，在激光宽度是 $2\ \mu m$ 时，迁移率掉到了 $3.07\ cm^2/(V \cdot s)$。这个结果可以通过晶体生长的方向来解释。

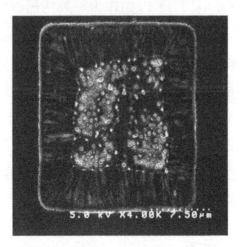

图 12　扫描电子显微镜拍摄通过 Nd:YAG 激光退火后的 PLAS 的图像

如图 12 所示，是使用扫描电子显微镜拍摄通过 Nd:YAG 激光退火后的 PLAS 的图像（仅供参考），显示出了两种形式的晶体结构。一方面，在激光退火区域的边缘部分，可以认为发生了横向晶体生长模式,结果是形成了紧密排列的晶界;另一方面,在激光退火区域的内部,出现了无序晶界。而仅在激光宽度为 2 μm 时表现了低迁移率的关系,是因为在整个退火区域内横向晶体生长多晶硅宽度占主导。这源于电流路径方向,它是垂直于晶界方向的,漏电流被密集排列的晶界所阻止。相对于迁移率,U_{th}独立于激光宽度。

PLAS 的这些独特的技术不需要额外的层就可以通过不同激光条件下的激光宽度来控制 I_{on} 和 I_{off}。PLAS 也可以通过同时使用不同的激光掩模版来制作不同特性的 TFT。例如,窄激光宽度可以用在要求低 I_{off} 的像素 TFT,宽激光宽度可以用在驱动电流 TFT,如作为阵列的栅驱动器,它要求高的迁移率。除此之外,这种可控的 TFT 技术可以应用到需要几种 TFT 的有源区,如 2T1C 的 OLED 背板等等。

如图 13 所示是在暗和亮条件时的传输特性。PLAS CE TFT 和 PLAS ES TFT 在从暗条件变化到亮条件时显示出很小的变化(如图 13 的(a)和(b));另一方面,非晶硅的 U_{th} 在从暗条件变化到亮条件时向负方向发生了明显的改变,I_{off} 也变坏了(如图 13 的(c)和(d))。

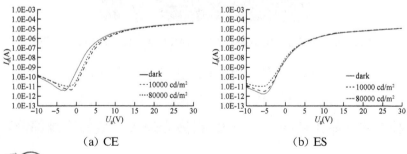

(a) CE   (b) ES

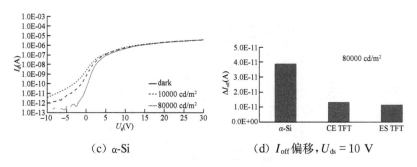

（c）α-Si　　　　　　　　（d）I_{off} 偏移，$U_{ds} = 10$ V

图 13　暗和亮条件时的传输特性

如图 14 所示是在正偏温度压下的 U_{th} 偏移。PLAS CE TFT 和 PLAS ES TFT 显示出相似的 U_{th} 偏移，分别为 0.26 V 和 0.69 V，小于传统的非晶硅的 2.58 V。

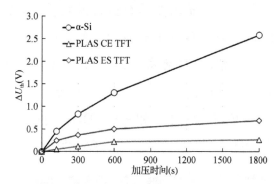

图 14　在正偏温度压测试下比较不同工艺的 U_{th} 偏移

（$U_g = 30$ V，$U_{ds} = 0$ V，温度为 60 ℃）

如图 15 所示是在负偏温度光照压下的 U_{th} 偏移。PLAS CE TFT 和 PLAS ES TFT 的 U_{th} 偏移也相似，分别为 0.76 V 和 0.34 V，且均小于传统的非晶硅的 1.86 V。这里，在 PLAS ES TFT 和 PLAS CE TFT 之间的 U_{th} 偏移之所以出现差异，是因为 PLAS CE TFT 中的沟道刻蚀损伤造成。

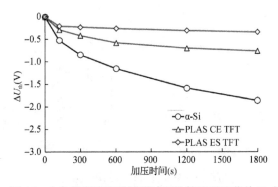

图 15　在负偏温度光照压测试下比较不同工艺的 U_{th} 偏移

（$U_g = 30$ V，$U_{ds} = 0$ V，温度为 60 ℃，80000 cd/m^2）

　　如图 16 所示为夏普在测试线上开发的 PLAS TFT 3.5 英寸测试显示器。该显示器具有良好的特性，且没有 Mura。2016 年，夏普在 10 世代线上开发出大的测试面板，并在 2017 年制造大面板产品，如高解像度、高清晰度和高亮度的 IDP。夏普开发出底栅结构的 PLAS TFT，这项新型技术被期待应用于 OLED 背板、HDR TV 和户外 IDP；并且这项技术不限制基板尺寸，可应用于 10 世代线或更高世代线。

（a）CE 类型　　　　　　（b）ES 类型

图 16　PLAS TFT 测试显示器

第43问　什么是彩色光

人眼的彩色视觉是一种明视觉,基于视觉所看到的彩色光的基本参数有明亮度(简称明度)、色调(或称色相)和饱和度(如图1所示)。

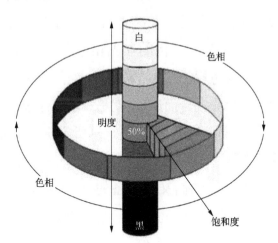

图1　视觉色彩三要素构建模型

明亮度是光作用于人眼时引起的明亮程度的感觉。一般来说,彩色光能量大则显得亮,反之则暗。色调则是反映颜色的类别,如红色、绿色,蓝色等。彩色物体的色调决定于在光照明下所反射的光谱成分。例如,某物体在日光下呈现绿色,这是因为它只反射绿色光,其它成分的光都被吸收掉了。而对于透射光来说,其色调则由透射光的波长分布或光谱所决定。至于饱和度,是指彩色光所呈现颜色的深浅程度。对于同一色调的彩色光,可因渗入白光而变浅,变成低饱和度的色光。色调与饱和度又可合称为色度,既说明了彩色光的颜色类别,又说明了颜色的深浅程度。

基于上述,不同波长的色光会给人不同的彩色感觉,还可因渗入白光而导致低饱和度,那如果是渗入不同的色光又会是什么结果呢?答案是将不同颜色的光相混可以形成另外一种色光,这也就是说,相同的彩色感觉其实也可以来自不同的光谱成分组合。例如,适当比例的红光和绿光混合后,可产生与单色黄光相同的彩色视觉效果。事实上,自然界中所有色彩都可以由三种基本色彩混合而成(这就是三基色原理),因此对于彩膜而言只需要三基色便可混合出显示所需的所有颜色。

三基色是互相独立的三种颜色,其中任一颜色均无法由其它二色混合产生。它们又是完备的,即所有其它颜色都可以由三基色按照不同的比例组合而得。混色系统共有两种,一种是加色系统,其三基色是红、绿、蓝;另一种是减色系统,其三基色则是黄、青、紫。

不同比例的三基色光相加得到的色彩称为相加混色,主要应用于显示行业,其原理为

红(R)+绿(G)=黄(Y)

红(R) + 蓝(B) = 紫(M)

蓝(B) + 绿(G) = 青(C)

红(R) + 蓝(B) + 绿(G) = 白(W)

彩色还可由混合各种比例的绘画颜料或染料来配出,这就是相减混色,主要用于美术、印刷、纺织等。因为颜料能吸收入射光光谱中的某些成分,未吸收的部分被反射,从而形成了该颜料特有的彩色。当不同比例的颜料混合在一起的时候,它们吸收光谱的成分也随之改变,从而得到不同的色彩。其原理为

黄(Y) = 白(W) − 蓝(B)

紫(M) = 白(W) − 绿(G)

青(C) = 白(W) − 红(R)

黄(Y) + 紫(M) = 白(W) − 蓝(B) − 绿(G) = 红(R)

黄(Y) + 青(C) = 白(W) − 蓝(B) − 红(R) = 绿(G)

紫(M) + 青(C) = 白(W) − 绿(G) − 红(R) = 蓝(B)

黄(Y) + 紫(M) + 青(C) = 白(W) − 蓝(B) − 绿(G) − 红(R)

= 黑(K)

根据上述人眼的彩色视觉特征,就可以选择合适的三种基色,将它们按照不同的比例组合就可以得到不同的彩色视觉。原则上可采用各种不同的三色组合,但为了标准化起见,国际照明委员会(CIE)作了统一规定:选择水银光谱中波长 700 nm 的红光为红基色光,波长 546.1 nm 的绿光为绿基色光,波长 435.8 nm 的蓝光为蓝基色光。

经由实验发现,人眼的视觉响应取决于红、绿、蓝三分量

的比例来决定彩色视觉,而其亮度在数量上等于三基色的总和,这个规律称为 Grassman 定律。由于人眼的这一特性,就有可能在色度学中应用代数法则,白光(W)可由红(R)、绿(G)、蓝(B)三基色相加而得,它们的光通量比例如下:

$$\Phi_R : \Phi_G : \Phi_B = 1 : 4.5907 : 0.0601$$

通常,取光通量为 1 单位的红基色光为基准,要配出白光,就需要 4.5907 单位的绿光和 0.0601 单位的蓝光,故白光的光通量为

$$\Phi_W = 1 + 4.5907 + 0.0601 = 5.6508(单位)$$

第 44 问　什么是 PSA 胶和 OCA 胶

　　PSA 胶是一种黏着剂,中文名称为感压胶,是为了具有永久黏着力或可移动的应用而设计的胶材。当压力被施加到黏附的黏着剂上时,在短时间内即可达成良好接着效果,并像流体一样快速湿润表面,而剥离时又能如同固体般地离开被披覆物。

　　当制造者完成感压胶后,预先将其涂在基材上,使用者在使用时可以不需做混合、烘烤或涂布等动作,仅需在贴附后进行简单施压(譬如用手压、滚筒压等)即可产生快速且长久的黏性,甚至可以达到重工(Rework)的要求。因为 PSA 胶如此方便的特性,被广泛地用来制作胶带、便利贴、标签等产品;并且通过不同原物料的选择及配比,应用于电子、光电等产业上,例如大、小键盘之贴合与防水,印刷电路板的电镀保护胶带等产品。而光学用的黏着剂更是应用广泛,例如偏光板感压胶(如图 1 所示)、保护膜感压胶、触控面板的贴合胶等等。

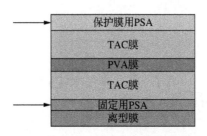

图1　偏光板使用的 PSA 胶示意图

感压胶依其主要成分可分为橡胶系、压克力系、硅胶系和 PU 系四种,而依加工方式又可分为溶剂型、乳化型、无溶剂型等等(各种感压胶的性质比较如表1所示)。

表1　各种感压胶的性质比较

项目	橡胶系	压克力系	硅胶系	PU 系
价格	便宜	不等	昂贵	较贵
加工方式	溶剂型 乳化型	溶剂型 乳化型 无溶剂型	溶剂型	溶剂型
黏着力	○	○～◎	○	△
耐久性	△	○	○	○
再剥离性	△	○～◎	◎	◎
耐溶剂性	△	◎	○	○
耐水性	○	○	○	○
耐低温性	◎	△	◎	○
耐高温性	△	◎	◎	◎
耐候性	×	◎	◎	○
光学透明性	×	△～◎	○	◎

注:表中,◎表示优,○表示良好,△表示普通,×表示差。

OCA（Optically Clear Adhesive）胶的中文名称叫光学胶，其实也是一种感压胶，但因为其用于显示面板时需要具备极为严格的光学性质，故又被称为光学胶。如图 1 中，保护膜用感压胶是用于偏光板出货或运送过程中保护其表面或微结构的，由于最终是要剥除的，因此感压胶的黏着力不能太强；而偏光板贴合感压胶用于固定偏光板和玻璃基板，最终会留在产品上，因此此种感压胶会影响显示品质，就需要具备严格的光学性质。

此外，光学胶也常用于触控面板模组的贴合工艺，以达成面板内视窗玻璃、触控感测片等层层材料的堆叠组立。触控面板用的光学胶分为薄膜和液态两种形式，其中薄膜型可归类为压克力系感压胶，而液态型又称为 LOCA（Liquid Optically Clear Adhesive）或 OCR（Optically Clear Resin），主要成分也是压克力系，但不需要靠施压产生黏性。两者的用途都是在黏着与固定触控面板与显示面板，目的是防止光线损失，因此其材料特性会直接影响触控显示产品的影像品质。其光学性质要求严苛，如透光度大于 98%，折射率接近玻璃 1.50，雾度（Haze）小于 2% 等等；除了光学性质，耐高温高湿、耐黄变、抗静电特性、可重工性等性质也是光学胶的重要考虑因素。

以贴合技术而言，触控面板模组常用的方法有"口字形贴合"与"全平面贴合"两种。口字形贴合又称框贴，就是通过双面胶带将触控面板与保护玻璃的四边贴牢（如图 2（a）所示）。其优点为作业容易、成本低、技术门槛低；缺点则因为只贴四边，中间会产生空气层，光射经由其折射后会产生叠影，导致画面呈现的效果较差。而全平面贴合又称面贴，就是利用 OCA 或 OCR 来进行触控面板与保护玻璃的完全贴合（如图 2(b)所示），由于中间没有任何缝隙与空气层，因此光线能顺利穿透玻璃且无光折射产生叠影的问题发生，是目前的主流技术。

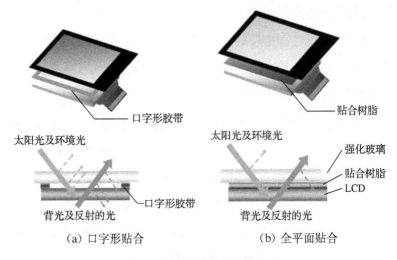

（a）口字形贴合　　　　　　　（b）全平面贴合

图 2　触控面板模组贴合技术

第45问 液晶量是怎么计算的

　　液晶量是由液晶的盒厚和框胶内的面积决定的，这是一个体积量。而按照液晶进入液晶盒的两种方式，如果是先做成液晶盒，通过注入口灌注进液晶的话，那就是液晶注入量；如果是直接在玻璃基板上滴下液晶（One Drop Filled，简写为 ODF）方式的话，那就是液晶滴下量。

　　计算液晶量有粗略法和精确法两种。粗略法就是液晶的盒厚和框胶内的面积相乘，然后再乘以液晶密度，那么液晶的质量就出来了。

　　下面我们详细介绍一下精确法。先打个比喻：如果要精确计算一间教室内的空气体积，我们该怎么算呢？假设教室是长方体，那么地板面积乘以房间高度，然后减去里面所有人和物品的体积（如学生、课桌、讲台、椅子、电扇、装修材料等等的体积），那么剩下的就是空气体积了。同理，液晶量也是如此计算的，以阵列玻璃基板、彩膜玻璃基板为平台，它们之间高度就是液晶盒房间的高度，再乘以阵列基板的面积，然后减去阵列基板侧的各膜层图形的体积（如金属电极层、绝缘层、半导体层、ITO 层、PI 层等),再减去彩膜基板侧的各膜层图形的体积(如 BM 层、R/G/B 层、OC 层、ITO 层、PS 层、PI 层等),就是估算出来的液晶量体积;然后加入一个工艺经验补偿值,就是比较精确的液晶体积量了;最后再乘以液晶密度,就是液晶质量了。

这里有几个注意点需要提醒一下:

(1)阵列基板侧和彩膜基板侧的各膜层图形可以用设计软件的量测值,但是在阵列工程完成后需利用 SEM 再次确认一下实际的图形尺寸(知道 Mask 图形和实际完成的图形的偏差量即可)和实际的膜厚。

(2)如果 PS 层有上下底差或者膜层较厚、Taper(锥角)角度过小的话,要把 PS 断面当成梯形来计算面积。

(3)在进行计算时,如果 PI 层或 ITO 层是整面覆盖的话,可以将液晶盒房间的高度直接减掉 PI 层或 ITO 层厚度,那么就可以不用算这部分体积了。

(4)液晶密度可以请厂商提供,一般是温度 25 ℃下的密度值。

(5)根据经验,一般认为小尺寸如手机、PAD 面板的液晶量实际值的补偿值略小,而大尺寸如显示器、电视面板的液晶量实际值的补偿值略大。

第46问　什么是有效成膜领域

如图1所示,是6代线基板的有效成膜领域示意图,这里出现了几个概念:

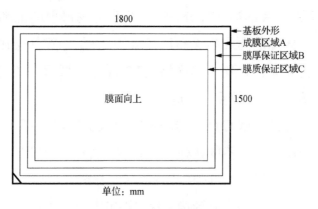

图1　6代线基板的有效成膜领域示意图

（1）基板外形是玻璃基板的外形尺寸。6代线的玻璃尺寸一般有两种,早期为1800 mm×1500 mm,现在为1850 mm×1500 mm,大了50 mm,导致有些产品的尺寸差了0.5英寸。

（2）成膜区域A是指在进行各种成膜工艺后,能覆盖薄膜的区域。这里的成膜工艺包括显示行业内常用的物理气相沉积（PVD）、化学气相沉积（CVD）、液体涂布工艺等。

（3）膜厚保证区域 B 是指在进行各种成膜工艺后，薄膜厚度和均一性能够保证的区域。

（4）膜质保证区域 C 是指在进行各种成膜工艺后，薄膜的物理、化学、电学性质能够保证产品（样品）要求的区域。

那么问题来了。第一个问题：为什么尺寸上基板外形＞成膜区域 A＞膜厚保证区域 B＞膜质保证区域 C？这是因为成膜最好不能成到玻璃基板的外形区边上，因为玻璃基板在搬送或反转时边上是有定位滚柱或夹柱的，它会刮伤或损坏各种膜层（如金属层或有机树脂层），所以尺寸上基板外形＞成膜区域 A；成膜区域 A 的边缘部分，由于 PVD 靶材溅射的范围、CVD 等离子气体团范围或是涂布后的湿膜延展，一般都会比较薄，那么真正膜厚比较均一的区域（膜厚保证区域 B）一定会小于成膜区域的；关于膜质，其酥松和致密性边上肯定也不如中间，那么膜质保证区域 C 就只能小于膜厚保证区域 B 了。当然各种材料薄膜的定义不同，这些范围也有一样大的情况。

第二个问题：设计时在各自范围内分别放哪些东西？我们把设计部分简单分为显示像素区、周边引线区、端子区、面板外辅助图形和标记区。由于显示像素区、周边引线区、端子区是最重要的显示功能区，一定要放在膜质保证区 C 内；对于面板外辅助图形和标记，如果标记比较大，可以放到膜质保证区 C 外，但要在膜厚保证区 B 内，否则反射光线成像时照相机可能认不出来，导致误判；膜厚保证区 B 以外区域一般就不放阵列图形了，可以放一些辅助框胶开环闭环之类的东西。

第 47 问　什么是 ND 值和 ND Filter

所谓 ND 值，其实就是通过特定的 Neutral Density Filter(ND Filter)后得到所需的光强度，此时所选择的 ND Filter 的光通过率即是 ND 值。那 ND Filter 又是什么？有何作用呢？

ND Filter 的中文名称叫中性衰减片，此衰减性滤光片对于任何波长，都可以一定的比率减弱光的强度从而得到适当的光量。也就是说，它不会改变光谱波长与光束大小，但可减少光量，常用于摄影方面，加在镜头前降低进入的光通量，对于色彩并无影响。一般来说，ND Filter 主要运用于日

(a)没有使用 ND Filter　　　　　(b) 有使用 ND Filter

图 1　强光下拍摄的照片

间需长时间曝光的场景。如图 1 所示,在户外强光下想利用慢速快门拍出潺潺水流的虚化效果,就必须通过 ND Filter 的辅助来避免影像过曝。

而在 LCD 面板业,ND Filter 常在减低面板亮度后用来进行检查,以便在各种不同亮度条件下发现液晶表面波纹、亮点缺失以及进行其它各种检测等等。ND Filter 的样式如图 2(a)所示;有多种不同衰减程度的滤光片可供选择,常见的种类与规格如图 2(b)中所示。

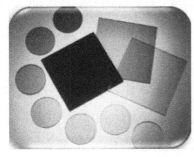

种类	透光率	规格
ND-LCD 1%	1%	0.75%～1.25%
ND-LCD 2%	2%	1.60%～2.40%
ND-LCD 3%	3%	2.55%～3.45%
ND-LCD 4%	4%	3.60%～4.40%
ND-LCD 5%	5%	4.50%～5.50%
ND-LCD 6%	6%	5.40%～6.60%
ND-LCD 8%	8%	7.20%～8.80%
ND-LCD 10%	10%	9.00%～11.00%

（a）不同的样式　　　　　　　（b）各种种类与规格

图 2　常见的衰减性滤光片

第48问　为什么要用 ND Filter 进行遮光测试

上一问我们已经简单介绍了 ND Filter。照相时,因为环境光变化剧烈,通过缩小最小入光孔径和最快快门已经不能降低曝光量,另外打开相机壳更换各种高低感光度胶卷既麻烦也不经济,此时若在镜头前加个墨镜片不就能整体降低入射环境光亮度了,而这个墨镜片就是 ND Filter。看电影或电视时,有时会看到"绿色天空"这一奇特画面,那是夹了绿色的过滤红光和蓝光的滤镜(带色的 ND Filter)。但这里我们所说的显示行业用的 ND Filter 是全波长一起减弱的黑白滤镜,即对各种不同波长的光线的减少能力是同等的、均匀的,只起到减弱光线的作用,而对原物体的颜色不会产生任何影响。

那么问题来了:在进行姆拉(亮度不均)观察时常会用到 ND Filter,诸如 1% 的 ND Filter 可遮、10% 的 ND Filter 不可遮,这是什么意思呢? 这里的 10% 是指 100 cd/m^2 亮度的光通过 ND Filter 后变为 10 cd/m^2 的亮度(1% 同理)。

如图 1 所示,左边是显示面板,显示面板的左半部分是全黑 0 灰阶，它的右半部分是漏光灰阶；右边是一张 1% 透过率的 ND Filter。

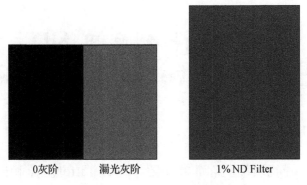

0灰阶　　漏光灰阶　　　　　1% ND Filter

图 1　1% ND Filter 遮漏光前示意图

如图 2 所示是将这张 1% 的 ND Filter 来遮一下面板后，显示面板的两边都黑了，看不出亮度差了，这就叫做 1% 的 ND Filter 可遮。

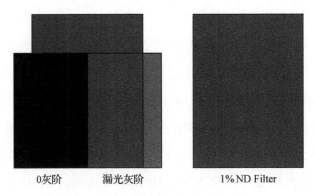

0灰阶　　漏光灰阶　　　　　1% ND Filter

图 2　1% ND Filter 遮漏光后示意图

如图 3 所示，右边是一张 10% 透过率的 ND Filter，将这张 10% 的 ND Filter 来遮一下面板后，显示面板的左边还是很黑,右边不那么灰了,两边的灰度差缩小了,但是还是能够看出不是一样黑,这就叫做 10% 的 ND Filter 不可遮。

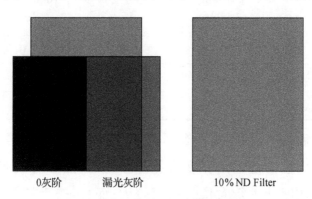

0灰阶　　　　漏光灰阶　　　　　　10% ND Filter

图 3　10% ND Filter 遮漏光后示意图

接下来我们定量计算一下。如表 1 所示,假设 0 灰阶正常区的亮度为 0.3 cd/m²,0 灰阶姆拉区的亮度为 30 cd/m²。通过 1% 的 ND Filter 遮光后,0 灰阶正常区的亮度大小变为 0.003 cd/m²,0 灰阶姆拉区的亮度为 0.3 cd/m²,遮过的 0 灰阶姆拉区的亮度和未遮前的 0 灰阶正常区的亮度一样,都是 0.3 cd/m²,而遮过的 0 灰阶正常区的亮度 0.003 cd/m² 已经远远低于 0 灰阶的亮度了,认为就是 0 灰阶,也就分辨不出正常区和姆拉区亮度差了,即 1% 的 ND Filter 可遮;通过 10% 的 ND Filter 遮光后,0 灰阶正常区的亮度变为 0.03 cd/m²,0 灰阶姆拉区的亮度 3 cd/m²,遮过的 0 灰阶姆拉区的亮度和未遮前的 0 灰阶正常区的亮度不一样,3 cd/m² 已经到了低灰阶的亮度,还是可以分辨出正常区和姆拉区的亮度差,也就是说 10% 的 ND Filter 不可遮。

表1　ND Filter 遮光计算表

项目	未遮亮度 （cd/m²）	1%遮过后亮度 （cd/m²）	10%遮过后亮度 （cd/m²）
0 灰阶正常区	0.3	0.003	0.03
0 灰阶姆拉区	30	0.3	3
目视结果	有差异	无差异	有差异

最后一个问题：为什么不用灰度计直接进行测量呢？这是因为姆拉区范围内亮度可能是渐变的，图形有大有小，手动操作灰度计进行对位时难度较大；而且，若手持简易贴近式灰度计进行测量，由于镜头直径超过 2 cm，较小的姆拉测不全，并且黑态测量精度不高。

第 49 问　TFT 电性测试中 NBTS 与 PBTS 各指什么

　　TFT 在频繁操作下,因为电场及温度效应会对组件产生程度不一的劣化,导致电晶体出现开启电流下降、起始电压上升及漏电流增加等问题,并造成组件操作效能降低。鉴于此,在 TFT 组件制作完成后通常会进行电性的信赖性测试。

　　信赖性测试分为两部分,一个是对组件施加偏压及温度效应(Bias Temperature Stress,简写为 BTS)的不稳定性检测,主要来自于栅极施加一电场时,在温度效应下栅极氧化层与半导体层界面处的 Si－H 键会被打断,并形成氢气,然后经由扩散效应而带离栅极氧化层,进而在界面处产生悬键使组件产生劣化;另一个是热载子效应,主要来自于 TFT 在开启状态下,源极所施加的电压会产生一强大的电场,使得加速载子冲击中性原子而形成解离现象,产生电子与空穴对,此时被激化电子或空穴会再冲击栅极氧化层,造成层面处的缺陷捕捉或是陷入栅极氧化层中使组件产生劣化。

　　在施加偏压及温度效应的不稳定性检测的过程中,通常会将时间切割为几个观测点来观察组件 BTS 的劣化情形。

量测环境温度在 100 ℃下,先选定合适的施加电压来加速其反应,施加电压 U_g 通常为 30 V(可视需求变更),U_d 及 U_s 通常为 0.1 V(接近 0 V),并对组件加压长达 1000 s 的时间。在加压期间,同时观测 I_d - U_g 曲线来检视组件的劣化效应。当施加负向偏压时,便是所谓的 Negative Bias Temperature Stress(NBTS);反之,当施加正向偏压进行检测时,便称为 Positive Bias Temperatures Stress(PBTS)。当然,环境温度、施加电压、加压时间可根据客户不同的要求而变更。

下面举个例子。如图 1 所示为线性区源极电压 0.1 V 时组件 BTS 的劣化曲线图,从中可以看出有 CF$_4$ Plasma 处理的组件经过 BTS 的可靠度测试后,其劣化的幅度优于无处理的组件。劣化幅度较大,说明其在栅极氧化层与主动区 Poly-Si 界面处的 Si - H 键结强度较弱,所以在加大电压与高温的情况下,较易产生断键效应而导致组件劣化情形严重的现象。

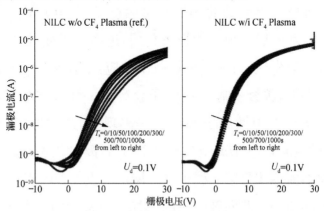

图 1　组件经 BTS 劣化曲线图

第 50 问　ESD 的发生机理和测试方法是什么

在本书第 1 辑中,我们曾介绍过各种 ESD 防护电路的设计问题,这里聊一聊 ESD 的发生机理和测试方法。

静电放电(Electrostatic Discharge,简写为 ESD)是造成电子元器件或集成电路系统破坏的主要元凶。过度的电应力(Electrical Over Stress,简写为 EOS)导致的瞬间电压通常非常高(高达几千伏),并且这种损伤是毁灭性和永久性的,会造成电路直接烧毁。

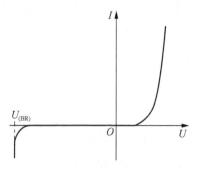

图 1　PN 结二极管伏安特性曲线

设计静电保护的理论基础是 PN 结二极管特性(如图 1 所示),即正向导通反向截止,而且反偏电压继续增加会发生雪崩击穿（Avalanche Break-Down）而导通。

如图2所示,雪崩击穿是指阻挡层中的载流子漂移速度随内部电场的增强而相应加快到一定程度时,其动能足以把束缚在共价键中的价电子碰撞出来,产生自由电子与空穴对;新产生的载流子在强电场作用下再去碰撞其它中性原子,又产生新的自由电子与空穴对;如此连锁反应,使阻挡层中的载流子数量急剧增加,就像发生雪崩一样。雪崩击穿发生在掺杂浓度较低的 PN 结中,其阻挡层宽,碰撞电离的机会较多,雪崩击穿时击穿电压较高。

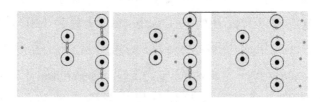

图 2　雪崩效应示意图

下面,我们简单介绍一下 ESD 的测试方法:

（1）指定 Pin（引脚）之后,先给一个 ESD 电压,持续一段时间后再回来测试电性,看看是否损坏。

（2）若无问题,再去加一个 Step（步进）的 ESD 电压,持续一段时间后再测电性。

（3）如此反复直至击穿,此时的击穿电压为 ESD 击穿的临界电压（ESD Failure Threshold Voltage）。

（4）通常都是给电路打三次电压;为了降低测试周期,起始电压通常为标准电压的 70% ESD Threshold,且每个步进可以根据需要自行调整 50 V 或者 100 V。

第 51 问　辅助框胶领域的 PS 如何设计

在多面切割的大基板制造过程中（如图 1 所示），需要在各个显示屏之间设置辅助的封框胶和辅助的柱状支撑物（柱状 Spacer，即 PS），目的是在彩膜基板和阵列基板贴合时（如图 2 所示）用来防止屏与屏之间的玻璃因受力不均而发生形变，最后引起显示的辉度不均，即所谓的显示漏光不良。

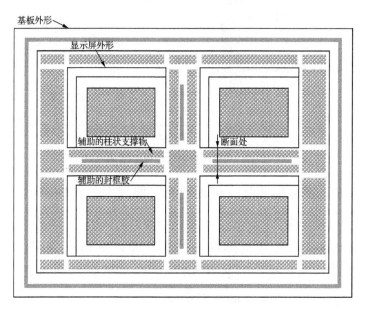

图 1　多面切割的基板示意图

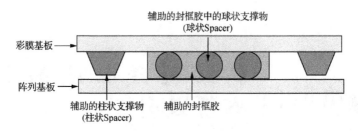

图 2　图 1 中断面处示意图

　　如图 3 所示,封框胶是由针管滴下涂布。在一段涂布结束后到下一段涂布开始之前存在一段等待时间,液滴在重力作用下会自然变大,导致开始处的封框胶在涂布成型后的范围特别大(实际中一段辅助封框胶的两头呈椭圆形扩大)。

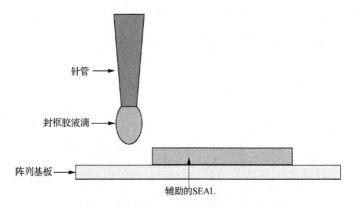

图 3　封框胶滴下涂布示意图

　　在大玻璃基板上涂布成型的一段辅助封框胶,存在两端的范围呈椭圆形扩大,并且开始处的范围尤其大,因此容易和旁边的辅助柱状支撑物的范围交叠。例如图 4 中的扩大部分,图 5 为其理想设计,图 6 为实际的涂布成型结果,其中辅助封框胶的两端呈椭圆形扩大。

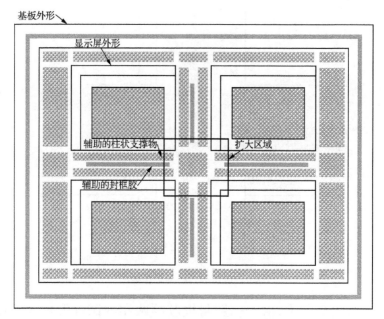

图 4　多面切割的基板扩大区域示意图

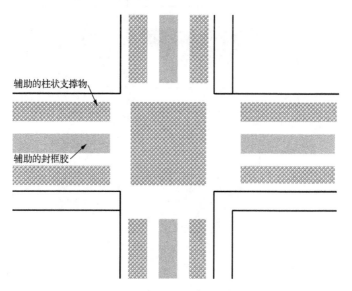

图 5　显示屏间的理想设计图

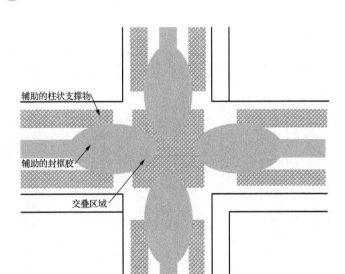

图6 显示屏间的实际结果图

如图7所示，由于辅助封框胶的两端的椭圆形扩大范围

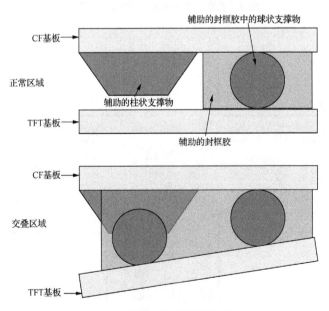

图7 交叠部分的断面示意图

容易和旁边的辅助柱状支撑物的范围交叠,因此辅助封框胶中的球状支撑物(球状 Spacer)也容易和柱状支撑物发生交叠,引起该处的上下基板间的间隔超出设计要求,即所谓的盒厚偏大,造成显示区的挤压,使显示区的盒厚偏离设计值,形成所谓的显示漏光不良。

若将封框胶中的椭圆状图形以及周边的辅助柱状支撑物图形按照预先设计的规则图形进行删除,即可避免辅助柱状支撑物和封框胶中的球状支撑物相重叠的现象发生,从而也就避免了其所引发的显示漏光不良现象的发生。

如图 8 所示,是椭圆形的规则图形删除柱状支撑物区域后的效果图;图 9 为其它的规则图形,包括长方形、圆形、六边形、八边形、菱形、环形等。

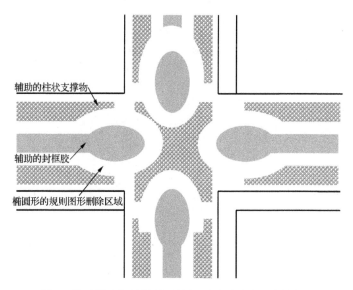

图 8　显示屏之间的椭圆形的规则图形删除区域效果图

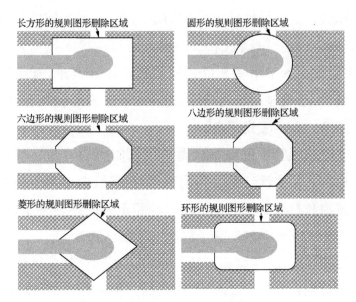

图 9   显示屏之间的其它规则图形删除区域的效果图

第 52 问　什么是刷新率（FPS）

刷新率（Frame Per Second，简写为 FPS）指的是每秒显示的画面张数。显示器所播放的影片是经计算后将每个动作连贯起来，形成一个连续性的画面。一般来说，刷新率用于描述影片、电子绘图或游戏每秒播放多少幅画面，因此当刷新率越高时，画面就越顺畅越拟真。

通常用于描述刷新率的单位是赫兹（Hz），这也是计算频率的单位，意思是每秒的周期运动次数。那么刚刚说的高刷新率也就是高赫兹的显示屏有什么好处呢？不管是画面的流畅度、眼睛的舒适度，还是高速反应、无残影等优点，都让人有高显示品质的感觉。当然这还会跟每个人的动态视力有关，但大部分的人还是能明显感觉出高刷新率和低刷新率差异的。

如图 1 所示，为高速运行的赛车游戏中使用高刷新率和低刷新率的画图显示对比。高刷新率主要是解决游戏中画面撕裂和拖影抖动的现象，对于传统 60 Hz 的显示器来说，144 Hz 电竞显示器的画面要流畅许多。

图 1　高低刷新率下画面显示对比

　　下面采用一个简单的比喻来解释刷新率,希望让大家都能够很好地理解。我们可以将屏幕的频率看成一条高速公路,并将刷新率看成车子,当高速公路每秒只能让 60 辆车子通过的时候,如果有 120 辆、144 辆或 240 辆甚至是更多的车子想通过时,高速公路的限制就是只能让 60 辆车子通过;也就是说,屏幕的频率会限制住刷新率的最大上限。因此,假设今天有 120 Hz 刷新率的画面来源,但显示屏幕的频率只有 60 Hz,最后呈现在你眼前的仍然只会是 60 Hz 的画面。

　　同理,如果将高速公路拓宽至可以让 240 辆车子通过,这时若只有 60 辆、120 辆或 144 辆车子通过,便不会有任何的堵塞情形发生,有多少车子就能通过多少车子;也就是说,当屏幕频率的最大上限大于刷新率时,屏幕显示出来的就是刷新率的数值。因此,假设今天只有 60 Hz 刷新率的画面来源,而显示屏幕的频率上限可达 120 Hz 的话,最后呈现在你眼前的就会是 60 Hz 的画面。

为什么显示器刷新率是特定的数字，如 60 Hz，120 Hz，144 Hz，240 Hz？60 Hz 是 CRT 时代的历史遗留问题，最低 60 Hz 才能让人眼感觉不闪烁。至于其它频率，譬如 120 Hz，240 Hz 等，很明显就是 60 Hz 的倍数。对于特殊的频率如 144 Hz，下面我们来说明一下。

先从电影说起，可能大部分的人都不清楚，其实绝大多数的电影都是以每秒 24 帧的格式拍摄的，也就是说电影的刷新率是 24 Hz。但传统的显示屏幕每秒刷新是 60 Hz，根据上述刷新率的定义，应该只会看到 24 Hz 的刷新频率，那为何不会感觉到画面闪烁呢？以前的做法是在画面与画面之间插入黑画面，但是这样也会导致动作不流畅以及画面撕裂的问题。于是索尼、三星等厂商开发了各种使画面平顺的技术，基本原理是通过内置芯片计算两帧画面的中间过渡画面并进行置入，这样画面看起来就会比较平滑顺畅。

但是更好的解决方案是采用 24 倍数的刷新率。早年曾经诞生过 72 Hz 的刷新率，随着技术的进步，越来越多的厂商开始推出 120 Hz 的显示设备，既能是 24 Hz 的倍数，并且在 60 Hz 的基础上只需翻倍即可，开发成本也低。此外，3D 电影的诞生因为需要在不同帧交叉放映左右眼不同画面，这样就要求显示设备帧率是 24 的偶数倍，所以 144 Hz 应运而生。但如同上述所提到的，144 Hz 并非 60 Hz 的倍数，会有画面撕裂问题，必须同时辅以芯片计算。但终究这不是长远之计，因此显示设备厂商们正朝向着 240 Hz 的刷新率努力中。

第53问 如何制作FMM

显示面板产线上使用的 Mask 通常分为两种,即 Array 段、CF 段(TFT-LCD)所用的以玻璃为基础材料的曝光 Photo-Mask 和 AM-OLED 蒸镀段以金属为基本材料的 Shadow Mask(Open-Mask 与 FMM)。如图1所示,是 AM-OLED 蒸镀用的 Mask。

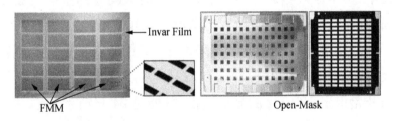

图1 AM-OLED 蒸镀用 FMM 和 Open-Mask 示意图

FMM 全称为 Fine Metal Mask(精细金属掩模版),其材料可以是金属或金属+树脂,厚度一般在 20 μm 左右或者更薄。

FMM 和 Open-Mask 的材料为合金,一般为因瓦合金,简称为 Invar。Invar 是镍(Ni)含量为35.4%左右的铁合金,在 $-20\sim20$ ℃下热膨胀系数平均值仅为 $1.6\times10^{-6}/℃$。日立金属公司提供的超因瓦合金板(Super Invar Alloy)热膨胀系数更是趋近于 0,并且能够耐受蒸镀制程的高温而不变形。该合金成分比例为铁占 50%～70%,镍占 29%～40%,钴在 15%以下。

生产 FMM 的方式主要有三种,即刻蚀法、电铸法和多重材料(金属＋树脂材料)复合法。

1. 蚀刻法

蚀刻法是做减法,通过刻蚀 Invar Sheet 的方式制作(如图 2 所示),具体步骤如下:

(1) Invar 薄片两侧涂布光阻;

(2) 通过 UV Mask 进行曝光、显影;

(3) 通过 $FeCl_3$ 刻蚀液进行两侧刻蚀;

(4) 在一侧涂布 UV 光阻;

(5) 在另一侧通过 $FeCl_3$ 刻蚀液继续进行刻蚀,刻穿并达到规格值后停止;

(6) 剥离所有光阻后,完成 Invar FMM 的制作。

2. 电铸法

电铸法是做加法(如图 3 所示),具体步骤如下:

(1) 在阴极衬底上涂布光阻;

(2) 通过 UV Mask 进行曝光、显影;

(3) 通过在电镀溶液中进行电镀作业,在阴极衬底上沉积 Invar 材料,形成图形;

(4) 剥离光阻;

(5) 剥离阴极衬底,完成 Invar FMM 的制作。

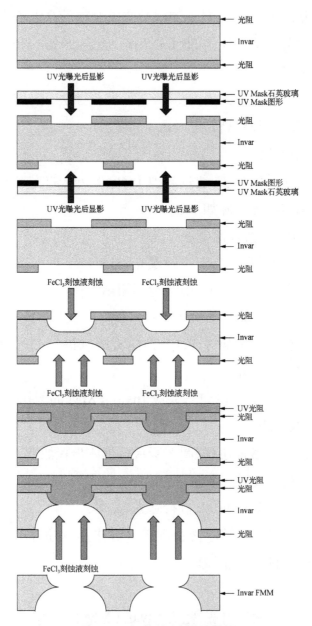

图 2　FMM 蚀刻法制作流程图

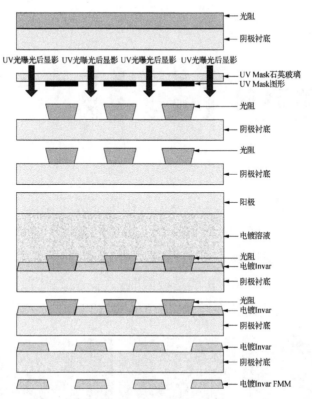

图 3　FMM 电铸法制作流程图

3. 多重材料复合法

多重材料复合法采用树脂和金属材料混合制作 FMM，以应对热膨胀。

在 Display 生产中采用的 FMM 生产技术还是以刻蚀为主。该项技术由 Samsung Display 公司主导，并用于中小尺寸的 AM-OLED 制造中。

第54问 为什么显示屏越来越呈现长条状

　　显示器发展至今,屏幕宽高比例经历了多次变革,从最初的 4∶3 到 16∶9(或 16∶10),21∶9(如图 1 所示),甚至出现 32∶9。横向越来越宽的趋势伴随着显示器发展一路至今,当我们以为 16∶9 就是极限时,厂商生产出 21∶9 的"带鱼屏";而当我们还在吐槽"带鱼屏"时,32∶9 又来了。

图 1　屏幕不同宽高比例示意图

　　显示屏幕宽高比例加大当然有其原因。首先,因为人眼是宽的,所以宽屏更加符合人眼生理构造,能够呈现更加完美的视觉效果;其次,我们可以发现近几年无论是电视、手机还是其它显示器都在向着大屏化的方向发展,对于显示屏来说,屏幕越大,显示效率就越高。但显示屏幕和电视有一个根本区别在于显示器用途的多样性,这就意味着我们对于显示屏幕的使用大多数情况下都是近距离接触,如果依然按照

4∶3 比例的话,屏幕尺寸越大则屏幕就会越高(想象一下我们坐在显示屏幕前拼命仰头观看上面信息的样子)。如果是宽屏就不同了,我们只需要左右浏览信息即可。我们来简单估算一下,以 49 英寸为例:32∶9,16∶9 和 4∶3 比例下显示屏幕的高分别约为 13.27 英寸、24.03 英寸和 29.4 英寸,转换成厘米分别为 33.71 厘米、61.04 厘米和 74.68 厘米。请问六七十厘米高的显示屏幕好用吗?

曲面屏的出现也是显示屏幕宽高比能够不断变大的条件之一。试想一下,一台非曲面的 32∶9 显示器用起来是什么样子的(这里笔者已不敢想象了),所以超宽屏显示器一定要伴随着曲面才能够实用。

还有些人为了提高工作效率等原因,很多时候都组了双屏或者多屏,不仅操作起来不方便,而且还有严重的大黑边。在厂商看来,组双屏还不如直接使用超宽屏幕(如图 2 所示),而且没有黑边,何乐而不为呢? 超宽屏显示器最大的优势就是能够实现在一个屏幕内显示更多内容,提升用户的工作效率,并且内置的各种多屏分割功能和分屏解决方案更是能够配合底层平台效率地提升。

图 2 可多工处理显示屏幕

　　此外,对于娱乐方面而言,近年来由于高清影音资源日益丰富,消费者已经习惯了高清画质所带来的更出色的体验,因此 21∶9 规格的显示屏幕顺利成为主打屏幕。这是因为电影领域的比例标准是变形宽荧幕(2.35∶1),不少好莱坞大片都是采用这种荧幕比例,而 21∶9(约 2.33∶1)比 16∶9(约 1.78∶1)更接近好莱坞大片的画面比例,也就更趋近于无黑边的显示效果(如图 3 所示),能为使用者带来更佳的视觉体验。

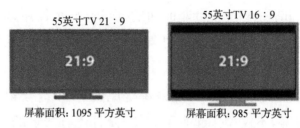

55英寸TV 21∶9　　　　　　55英寸TV 16∶9

屏幕面积:1095 平方英寸　　　屏幕面积:985 平方英寸

图 3　不同宽高比例的屏幕所能看到的范围比较

　　除了电视显示屏之外,从 2017 年下半年开始,智慧型手机也打起了全面屏(屏占比达 80% 以上)的战争。过去手机屏幕长宽大都采用 16∶9 的比例,考量到若维持长宽比例提高屏占比的话,手机宽度将提升以至不方便一手持有,因而对长宽比例进行了调整。目前,手机屏幕长宽是以约 18∶9 的设计比例为主流(如图 4 所示)。

　　那么长宽比例 18∶9 有哪些优点呢? 首先,如同上面说过的,全面屏的设计可以让手机提供更大的屏幕尺寸以及能维持较小的手机宽度,方便一手掌握并让手机更轻巧,而且 80% 以上的高屏占比会带给使用者更大的视野与高沉浸感;

在多画面分屏多工处理上，18：9 的屏幕较长也较方便使用；在观赏 21：9 的影片时，上下两块黑边会大幅降低；此外，在观看网页时，因为屏幕拉长了，可一次性看到更多的内容。

图 4　市售多款长宽比例不同的全面屏智慧型手机

　　难道拉大比例就没有缺点吗？当然有。如图 5 所示，在相同尺寸下，18.5：9 的屏幕其实只是改变了长宽比例，实际可视面积却是下降的。而且，若是借由提升长宽比去增大显示面积，将使得生产良率降低，预估生产 18：9 面板比生产 16：9 面板会多消耗 12.5%～20% 的产能，再搭配上 In-Cell Touch，恐怕售价将会比 16：9 相同尺寸的面板高上许多。

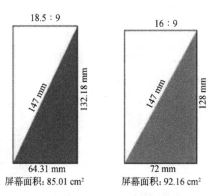

图 5　相同尺寸下的可视面积比较

第 55 问 什么是光学补偿膜技术

光学膜补偿,就是将各种显示模式下因为液晶的排列导致的在各个不同视角产生的位相差进行修正。换句话说,就是让液晶分子的双折射性质得到对称性的补偿,校正在不同视角下所看到的位相差。

若从功能目的来区分光学补偿膜的话,可将其分为单纯改变相位的位相差膜、色差补偿膜以及视角补偿膜等。如图1所示,补偿膜能降低液晶显示器暗态时的漏光问题,并且在一定的视角内可大幅提高影像之对比、色偏以及克服部分灰阶反转问题。

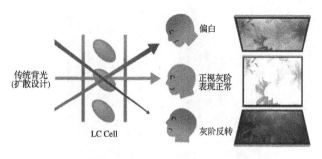

偏白

传统背光
(扩散设计)

正视灰阶
表现正常

LC Cell

灰阶反转

图1 视角造成的对比、色偏及灰阶反转问题

若是依照制作方式来区分,目前市场上的补偿膜产品大致可分为薄膜延伸式(如图2所示)与液晶涂布式两大类型。

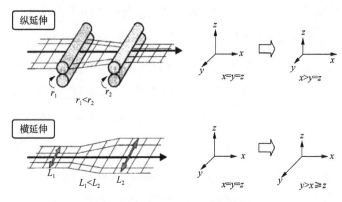

图2　薄膜延伸式补偿膜制作

通过图3中各种补偿膜的分类情况可以了解,薄膜延伸式采用纵横延伸方式,仅可以制造包含 A-Plate,C-Plate 以及

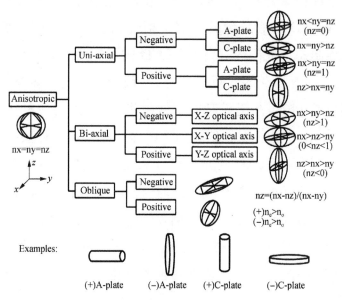

图3　各种补偿膜示意图

193

Biaxial Plate 等数种位相差板；而液晶涂布式依靠液晶的折射率差异，理论上可以制造出所有不同形式的位相差板。

目前市场上主流的光学补偿膜产品有如下几种：

（1）VA-TAC 膜

VA-TAC 膜是 Konica 公司于 2006 年研发成功并应用于 VA Mode 液晶电视的光学补偿膜。该补偿膜具有高透过率、易与 PVA 贴合、透湿性好、良好的弹性率以及高温下的尺寸稳定性佳等众多优点，一经推出便被多家厂商所采用。此外，将 VA-TAC 应用于 VA Mode 液晶电视，可以大幅改善电视的可视角，抑制倾斜视角下的色彩失真现象，并且即使环境温度发生较大变化，对液晶电视的视角所产生的影响也不明显。

下面简单针对 VA-TAC 膜光学补偿方面进行说明。由于 VA-LCD 的液晶盒具有双折射性，在倾斜视角下偏光片会发生暗态漏光问题，降低了 LCD 的可视角，因此为了补偿 VA-LCD 液晶盒的双折射特性，一般而言有两种做法：一是使用负 C-Plate 补偿膜对显示效果进行补偿，另一种则是使用 A-Plate 补偿膜对倾斜视角下的显示效果进行补偿（如图 4 所示）。而 VA-TAC 的光学设计就是使一张 VA-TAC 同时具有负 C-Plate 与 A-Plate 等多种位相差膜结合的效果。

至于在生产制造技术方面，VA-TAC 在生产工艺控制及配方设计方面皆有其独到的地方。VA-TAC 在设计上具有慢轴（折射率大的轴向）以便与偏光片中的 PVA 膜的吸光轴

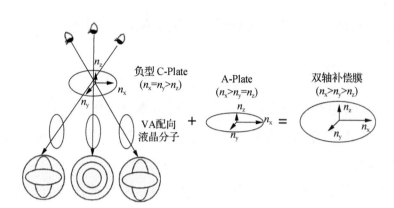

图 4　VA Mode 补偿示意图

（即拉伸方向）垂直，所以理论上可与 PVA 膜进行卷对卷贴合制成偏光片。但是近年来随着液晶电视尺寸不断上升，对 VA-TAC 的 R_o（X-Y 平面的相位延迟量）与 R_{th}（X-Y-Z 平面的综合相位延迟量，也即与厚度相关的延迟量）的均匀性，尤其是慢轴角度的精度要求很高，因此不容易达成。不过，Konica 公司通过对拉伸轴弯曲、左右不平衡产生的轴倾斜以及其它不均匀产生的轴错乱等问题进行了有效控制，实现了慢轴的高精度化，有利于卷对卷贴合的实现（如图 5 所示）。

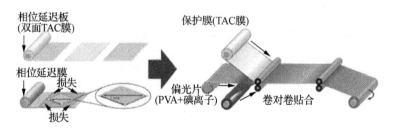

图 5　卷对卷贴合生产示意图

例如一双曲折单轴补偿膜，R_o 与 R_{th} 的计算公式如下：

$$R_o = (n_x - n_y) \times d$$

$$R_{th} = [(n_x + n_y)/2 - n_z] \times d$$

式中，n_x 为补偿膜面内 x 方向的折射率，n_y 为补偿膜面内 y 方向的折射率，n_z 为补偿膜厚度方向的折射率，d 为补偿膜的厚度。

此外，由于 TAC 是柔性的负 C-Plate 型补偿膜，即使经过拉伸也无法得到 R_e 或者较大的 R_{th}，因此，Konica 通过对 TAC 分子的结构改造以及在 TAC 膜中加入适量的添加剂来控制相位延迟量并提高 TAC 薄膜的耐久性。

（2）Zeonor 膜

ZEON 公司所生产的 Zeonor 膜是使用 COP 材料为原料，采用拉伸工艺制成的液晶显示用光学补偿膜，具有高透明性、稳定的光学相位延迟量和尺寸稳定性等特点。该光学补偿膜能够使 LCD 显示器的性能得到提升，使其具有出色的色彩均一性、更高的对比度和相对于传统 TAC 补偿膜而言更宽的视角。

Zeonor 膜具有如下优点：一是相对于传统 TAC 补偿膜而言，其光学相位延迟范围较宽（R_e 与 R_{th} 可达 300 nm），更适合终端客户使用；二是一般补偿膜容易受到温度的影响而改变相位延迟量，进而造成对比度和可视角的变化，但 Zeonor 膜热稳定性佳，其相位延迟量几乎不受 LCD 温度影响；三是具有超宽广的视角补偿效果，可在所有视角上取得良好的视觉画面。

目前,Zeonor 膜的产品分类有各向同性膜(ZF 系列)、单轴拉伸膜(ZM 系列)、双轴拉伸膜(ZD 系列)等等,价格相当昂贵,而且因为材质问题容易产生异物,但是其优异的特性还是让面板厂商们无法舍弃,并且采用比例有逐渐升高的趋势。

(3) Zero-TAC(Z-TAC)膜

Fujifilm 是世界上最早开发低光学相位延迟量的 TAC 膜的公司,其市场化的商品名称为 Z-TAC,意思是指零位相差的 TAC 膜,又称为 Zero-TAC。该产品的 R_o 和 R_{th} 都接近零,具有这种显著光学特征的 TAC 膜可用于减少 IPS Mode LCD 显示器在倾斜角下的色彩偏移现象(偏红),而且这种补偿膜可使用卷对卷的方式来制造偏光片。

通常经过深度加工制成的 TAC 膜具有小的 R_o 和一定大小的 R_{th},厚度方向上形成的 R_{th} 会造成 IPS Mode LCD 出现显示缺陷,比如倾斜角下的对比度降低和色彩偏移,所以 R_{th} 应该尽量接近零为佳。为了获得 R_{th} 接近零的 TAC 膜,Fujifilm 使用了特别的制造工艺,添加了一种可以减小厚度方向上光学相位延迟量的添加剂,能够抵消 TAC 膜厚度方向上的相位延迟量。使用一般的 TAC 膜所制成的 IPS Mode LCD 在倾斜视角下的色调明显偏黄,而使用 Z-TAC 膜时,即使在倾斜视角下其色调仍然保持良好,所以 Z-TAC 膜能够补偿 IPS Mode LCD 的色彩偏移问题。

　　一般而言，聚合物薄膜都具有双折射的特性，在拉伸的情况下 R_o 和 R_{th} 都会发生变化。普通的 TAC 薄膜拉伸 20% 时，其 R_{th} 会由 43 nm 增加到 56 nm，而 Z-TAC 薄膜的 R_{th} 仅由 0 增加到 3 nm，变化量非常小。在制造偏光片和偏光片贴合时这些微小尺寸变化并不会对 Z-TAC 膜的光学相位延迟量有影响，具有极佳的实用性，所以生产 IPS Mode 的面板厂都大量地采用此类型的偏光片。

第56问 什么是柱变形率

我们知道，液晶盒内是按照一定比例（密度和大小）来均匀配置支撑物（球状 Spacer、柱状 Spacer），从而保持液晶盒的各个地方的盒厚一致。那么柱在受到外来压力发生形变时，怎么来表述这种形变呢？

我们可用柱变形率来表示柱子的这种变化，先了解一下几个概念：

（1）塑性变形量：塑性变形是一种不可自行恢复的变形，而描述这一变化的量称为塑性变形量。

（2）弹性变形量：弹性变形是指材料在外力作用下产生变形，而当外力去除后变形完全消失的现象，描述这一变化的量称为弹性变形量。

（3）总变形量：塑性变形量加上弹性变形量。受外力作用时总变形量越大，说明柱子越软；总变形量越小，说明柱子越硬。

柱子要有一定的弹性，不能太硬，不然加压时会出现点状支撑柱姆拉；也不能太软，不然一加压盒厚就变小了，姆拉就出来了。

　　弹性变形率是弹性变形量除以总变形量,塑性变形率是塑性变形量除以总变形量。柱变形率一般用弹性变形率表示。在总变形量一定的情况下,我们希望弹性变形率越大越好,塑性变形率越小越好。这样柱子压完之后还能恢复原样,保持液晶盒厚的均一。

　　测试时,一般会用压头(不锈钢金属块,直径大于测试柱的上底)加不同的压力来测量各种变形量,然后计算出柱变形率。

　　如表 1 所示,是盒厚为 $3.5~\mu m$,上底为 $12.5~\mu m$,下底为 $16.9~\mu m$ 的圆形柱子的弹性变形率测试的例子。

表 1　圆形柱子弹性变形率测试

负荷荷重	塑性变形量（μm）	弹性变形量（μm）	总变形量（μm）	弹性变形率（%）
10 mN	0.01	0.08	0.09	88.89%
20 mN	0.02	0.16	0.18	88.89%
40 mN	0.04	0.31	0.35	88.57%
60 mN	0.09	0.46	0.55	83.64%
100 mN	0.19	0.66	0.85	77.65%

第57问　什么是热载流子

在零电场下,载流子通过吸收和发射声子与晶格交换能量,并与之处于热平衡状态,其温度与晶格温度相等。当存在电场作用时,载流子可以从电场直接获取能量,而晶格却不能,只能借助载流子从电场间接获取能量。载流子从电场获取并积累能量又将能量传递给晶格稳定之后,平均动能将高于晶格,自然也高于其本身在零电场下的动能,成为热载流子。

热载流子这个称谓在某种程度上会让人误解。载流子不是热的,它们仅仅是能量有所增加。在强电场作用下,载流子沿着电场方向不断漂移、不断加速,即可获得很大的动能,从而可成为热载流子。载流子的温度 T 和能量 E 与表达式 $E = kT$ 有关。在室温下,$E = 25.8$ meV,对应的等价表征温度 $T = 300$ K。当载流子在电场下被加速而获得能量时,它们的能量增加。例如,在 $E = 1$ eV 时,对应的等价表征温度 $T = 12000$ K。因此热载流子的称谓意味着能量载流子,而不是整个器件变热。当然,热载流子与晶格碰撞后会消耗一部分能量，即转化为热能，使器件发热。

对于 MOS 器件，由于沟道存在热载流子，将引发陷阱（氧化层陷阱、界面陷阱）产生，导致器件特性出现退化，表现为漏电流减少、跨导减小及阈值电压漂移等。热载流子诱生的 MOS 器件退化是由于高能量的电子和空穴注入栅氧化层引起的，注入的过程中会产生界面态和氧化层陷落电荷，造成氧化层的损伤。随着损伤程度的增加，器件的电流电压特性就会发生改变。当器件参数改变超过一定限度后，器件就会失效（器件损伤的程度和机理取决于器件的工作条件）。对于半导体器件，当器件的特征尺寸很小时，即使在不是很高的电压下也可产生很强的电场，从而易于导致出现热载流子。因此，在小尺寸器件以及大规模集成电路中容易出现热载流子。而这些由于热载流子所造成的影响，称为热载流子效应。

第58问　什么是白平衡

　　在说明白平衡之前，须先了解什么是色温。顾名思义，色温就是颜色的温度（单位以 K 来表示），而不同的光线温度在我们眼中就有不同的色彩。K 值越高，代表色温越高，所呈现出来的颜色越蓝（冷色调）；反之，则代表温度越低，所呈现出来的颜色越红（暖色调）。就像一块黑色的铁，经过加热后会随着温度升高而逐渐由红变黄，持续升温则会变白再变蓝。又例如火焰（如图 1 所示），内焰温度较低呈现黄色，而外焰温度较高的地方则是蓝色，这就是色温变化的最佳体现。

图 1　炉火的色温表现

　　那白平衡又是什么呢？它指的是在影像处理的过程中，对白色物体的影像进行色彩还原，除去外部光源色温的影响,使其在影像上呈现出白色。在现实生活中,任何一个场合都可能包含许多不同温度的光线。如图 2 所示,人眼有能力在复杂的光线环境下将白色的光线看成白色而不会看成黄色、蓝色等其它色彩,但摄像机没有自动调节的能力,因此显示出来的影像便会与人眼所见有所差异,故须调整摄像机参数,告诉它要用什么"眼光"来看这世界。此即所谓的白平衡设定,通过它可以解决色彩还原和色调处理等一系列问题。

（a）白平衡调整前　　　　　　　　（b）白平衡调整后

图 2　摄像机显示的画面

此外,还有两个非常重要的理论。一是灰度世界理论,是说任何一幅影像,当有足够的色彩变化时,它的 R, G, B 分量均值会趋于平衡(该理论在全局性白平衡中得到广泛应用);二是全反射理论,是指一幅影像中亮度最大的点就是白点,以此来校正整幅影像。这两个理论分别对应着 RGB 和 YCbCr 两种色彩空间,作为调整白平衡的理论基础,判断一幅画面白平衡是否准确,如果不准确,如何量化其偏离数值。简而言之,白平衡就是一个纠正画面整体偏色的过程。

以常用的相机作为实例,现在的数位相机(包括手机中的相机)均已内建数种白平衡,如自动、钨丝灯、日光灯、日光、闪光灯、阴天等等（如图 3 所示），在大部分场合下，自动白平衡功能均能胜任。倘若现场色温超过自动白平衡所能调整的范围时，则可以选择手动模式，即选择和当下光源或环境相符的白平衡或色温值，也能拍出较为正确的影像色彩。

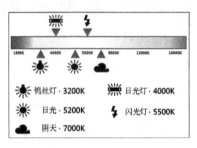

图 3　相机内建白平衡模式示意图

　　简单来说，当设定了一组情境，比如钨丝灯模式，钨丝灯对应的 K 值约为 3200 K。由图 4(a)可以看出，3200 K 的色温偏红，原本应是白色的盘子变成黄色；如果色温设定正确，就能拍出如图 4(b)所示色温正确、颜色自然的照片了。

(a) 色温错误　　　　　(b) 色温正确

图 4　不同色温设定之照片比较

第59问　如何区分颜料和染料

　　许多同行在刚开始研究彩膜时，都会思考一个问题：为什么彩膜的色阻是用颜料而不用染料？下面我们就来初步搞清楚一下颜料和染料的区别是什么。

　　一般而言，染料溶于水而颜料不溶于水，但是我们不能简单的以使水变色为标准来辨别染料和颜料。它们真正的区别在于对物体的着色方式不同，染料能够渗透到物体内部进行着色（如纤维内部），而颜料只能作用于物体表面（如布料的表面）；染料在染色时参与化学反应，而颜料不参与。

　　颜料分有机颜料和无机颜料，前者色调鲜艳，着色力强，在油墨中应用较广，如偶氮系、酞青系颜料；后者耐光性、耐热性、耐溶剂性、隐蔽力均较好，如钛白、镉红、铬绿、群青等。颜料是一种微粒态着色颗粒，一般不溶于水、油和溶剂，但能均匀地分散在其中；而染料在使用时配制成溶液，呈分子态着色，效果不如颜料。

　　颜料和染料的区别还可以描述如下：

　　（1）颜料就是能使物体染上颜色的物质；染料是能使纤

维和其它材料着色的物质,且区别在于颜料使物体着色后容易在一定环境里掉色,染料不易脱落、变色。

(2) 颜料不溶解于媒介中,需要通过研磨、超声波、静电等方式分散到载体中;染料可溶解于媒介中(如水、溶剂、油、塑料或高分子等)。

(3) 颜料存在媒体里是粒子状,染料是分子状。

颜料通常具备下列性能:

(1) 颜色:彩色颜料是一种对可见光能选择性吸收和散射的颜料,可以在自然光条件下呈现黄、红、蓝、绿等颜色。

(2) 着色力:指着色颜料吸收入射光的能力,可用相当于标准颜料样品着色力的相对百分率表示。

(3) 遮盖力:指在成膜物质中覆盖底材表面颜色的能力,常用遮盖 $1 m^2$ 面积的色漆中所含颜料的克数表示。

(4) 耐光性:是颜料在一定光照下保持其原有颜色的性能,一般采用八级制表示(八级最好)。

(5) 耐候性:指颜料在一定的天然或人工气候条件下保持其原有性能的能力,一般采用五级制表示(五级最好)。

(6) 挥发物:主要指水分,一般规定不超过 1%。

(7) 吸油量:指 100 g 颜料形成均匀团块时所需的精制亚麻仁油的克数,以吸油量小者为好(吸油量与颜料颗粒的比表面积和结构有关)。

(8) 水溶物:指颜料中含有的能溶于水的物质,以占颜料的质量百分数表示。制漆用的颜料,其水溶物常控制在 1%

以下。

染料具有如下应用：

（1）根据纤维性质选择染料。各种纤维由于本身性质不同，在进行染色时就需要选用相适应的染料。例如，棉纤维染色时，由于它的分子结构上含有许多亲水性的羟基，易吸湿膨化，能与反应性基团起化学反应，并较耐碱，故可选择直接、还原、硫化、冰染料及活性等染料染色；涤纶疏水性强，高温下不耐碱，一般情况下不宜选用以上染料，而应选择分散染料进行染色。

（2）根据被染物用途选择染料。由于被染物用途不同，故对染色成品的牢度要求也不同。例如，用作窗帘的布是不常洗的，但要经常受日光照射，故染色时应选择耐晒牢度较高的染料；作为内衣和夏天穿的浅色织物，由于要经常水洗、日晒，所以应选择耐洗、耐晒、耐汗牢度较高的染料。

（3）根据染料成本选用染料。在选择染料时，不仅要从色光和牢度上着想，同时要考虑染料和所用助剂的成本、货源等。如价格较高的染料，应尽量考虑用能够染得同样效果的其它染料来代用，以降低生产成本。

（4）拼色时染料的选择。在需要拼色时，选用染料应注意它们的成分、溶解度、色牢度、上染率等性能。由于各类染料的染色性能有所不同，在染色时往往会因温度、溶解度、上染率等的不同而影响染色效果。因此进行拼色时，必须选择性能相近的染料，并且越相近越好，这样可有利于工艺条件的控制、染色质量的稳定。

（5）根据染色机械性能选择染料。由于染色机械不同，对染料的性质和要求也不相同。如果用于卷染，应选用直接性较高的染料；如果用于轧染，则应选择直接性较低的染料，否则产品易出现前深后浅、色泽不匀等问题。

第60问

为什么热固化光致发光量子点墨水成膜厚度越高红移越大

量子点是溶液工艺制作的半导体纳米晶体,它可以通过尺寸来调节发射波长,具有窄的发射波宽、接近一致的光致发光量子产率和固有的光物理稳定性(如图1所示)。

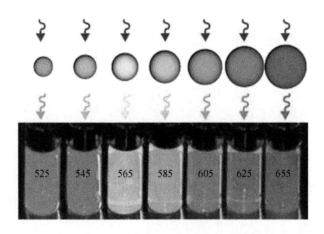

图1 光致发光量子点分散溶液发光示意图

喷墨打印是一种低价、可靠、快速、方便的图形化技术。在工业上广泛应用的喷墨打印技术可以用来降低成本、提供高质量产出、将模拟量转化为数字量、减少库存,处理大型、小型、柔性、易碎或者非平面基底,以及减少废弃物、大批量定制、更快速的原型开发以及实现即时制造等等。

　　如图 2 所示,在进行量子点显示中 R,G,B 打印时,使用 R,G,B 量子点墨水喷头分 3 次在基板上喷射完成。

图 2　喷墨打印示意图

　　按油墨固化方式来分的话,光致发光量子点墨水目前有热固化型和紫外光固化型两大类。热固化型墨水需要加热使其中的溶剂挥发,体积变化量大,使用广泛;紫外光固化则是通过特定波长和强度的光照射而固化油墨。

　　如图 3 所示,由于热固化墨水溶剂较多,每次固化后膜减量也较多,BM 构成的子像素盆子通过一次打印和热固化很难填满,需要多次喷墨与热固化(比如 10 次以上)。最下面的层经过多次热固化后量子点密度大幅增加,同时蓝光每次激发一个量子点后会产生一个大的波长光,这个大的波长光遇到下一个量子点时若被吸收,那么还有可能再次激发,这时会产生纳米级左右的红移(斯托克斯位移效应),累计几次之后就得使红移量增加不少。随着膜厚的增加,大的波长光遇到下一个量子点的概率在增加,所以红移变大了。

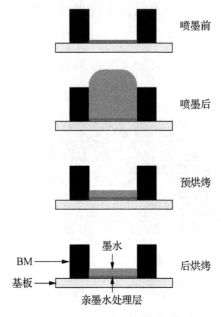

图 3　子像素 BM 内喷墨打印热固化墨水示意图

如图 4 所示,是热固化光致发光量子点墨水成膜后的绿光和红光随膜厚增加发射峰值红移增加的示意图。

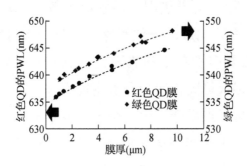

图 4　绿光和红光发射峰值红移增加示意图

红移是物体的电磁辐射由于某种原因波长增加的现象。

斯托克斯位移效应表现为荧光光谱较相应的吸收光谱红移。固体吸收光子(吸收)的能量将大于辐射光子(发光)的能量,因此发光光谱与吸收光谱相比,将向能量较低的方向偏移(红移)。激发峰位和发射峰位的波长之间的差是一个表示分子发光特性的物理常数,这个常数被称为斯托克斯位移(Stokes Shift)。它表示分子在回到基态以前,在激发态寿命期间能量的消耗。激发态分子通过内转换和振动弛豫过程而迅速到达第一激发单重态的最低振动能级是产生斯托克斯位移的主要原因。荧光发射可能使激发态分子返回到基态的各个不同振动能级,然后进一步损失能量,这也会产生斯托克斯位移。此外,激发态分子与溶剂分子的相互作用也会加大斯托克斯位移。

第61问 什么是 Gamma

Gamma 源于早期 CRT 显示器的响应曲线,也就是输出亮度和输入电压的非线性关系。由图1可以看出,亮度和输入电压的关系更加近似于指数函数(输出 = 输入的 Gamma 次方)的关系。事实上也确实如此,CRT 显示器厂商都默认将 Gamma 值设为 2.5,也就是如上述的曲线所示。而这里所说的指数,就是 Gamma。

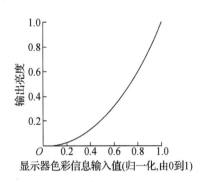

显示器色彩信息输入值(归一化,由0到1)

图1　CRT 显示器输出亮度和输入电压的非线性关系图

理想上,也就是 Gamma 等于 1 的时候,曲线为与坐标轴成 45°的直线,这时表示输入和输出密度相同;若是 Gamma 大于 1,高光区对应的自变量区间逐渐变小,而低光区对应的自变量区间逐渐变大,会造成输出亮化;而若是 Gamma 小于1,高光区对应的自变量区间逐渐变大,而低光区对应的自变量区间逐渐变小,会造成输出暗化。可惜由于显示器的输入电压与输出亮度并非线性关系,因此必须给出一个校正的曲线,使得显示画面符合应有的电压-亮度值。

图 2 显示的是一般 CRT 显示器的亮度响应曲线,可以看到其输入电压提高 1 倍,亮度输出并不是提高 1 倍,而是接近于 5 倍。显然这样输出的图像同原来的图像相比就发生了输出亮化的现象,也就是说未经过 Gamma 矫正的 CRT 显示器其 Gamma 值是大于 1 的。

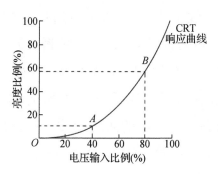

图 2　CRT 显示器的亮度响应曲线图

没有经过 Gamma 矫正的设备会影响最终输出图像的颜色亮度。比如一种颜色由红色和绿色组成,红色的亮度为50%,绿色的亮度为 25%,如果一个未经过 Gamma 矫正的CRT 显示器的 Gamma 值是 2.5,那么输出结果的亮度将分别为 18% 和 3%,其亮度大大降低了。为了补偿不足,我们需要使用反效果补偿曲线来让显示器输出与输入图像相同的图像。此时显示器的输入信号应该按照图3所示的曲线进行补偿，这样才能在显示器上得到比较理想的输出结果。

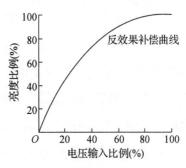

图3 反效果补偿曲线

一般的反效果可以直接被赋予存储在帧缓存中的图像，使之 Gamma 曲线呈非线性，也可以通过 RAMDAC 进行这种反效果补偿（或者说是 Gamma 曲线矫正）。这样我们就可以在显示器上看到和输入接近的图像了（如图 4 所示）。当然图 4 所示的曲线只是理想状态下的情况，在实际应用中我们并不可能得到如此完美的曲线，所以不同的厂商之间所竞争的就是谁能做到最接近于理想的曲线效果。

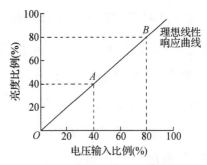

图4 理想状态下的曲线

总结上述,Gamma 校正简单说就是对输入信号做一次关于 Gamma 的逆处理,这样两个非线性的相逆的曲线使得最终地输出成为线性。

第62问 光刻法彩膜的 RGB 制程可共用 Mask 吗

有同事向笔者提出一个问题：光刻法彩膜的 RGB 制程可以共用 Mask 吗？他假设 R，G，B 子像素的色层图形长得一样，那么将 R 的 Mask 用完后，横向移动一个子像素的距离，不就可以给 G 和 B 使用了，这样不就可以省下两张 Mask 的钱（Mask 还是相当贵的）。仅从技术的角度来看，这的确是一个降本增效的好方法。

可是从制作产品的量产角度再来想一想，还是会有很多疑问的。这里我们一起来研究一下。

首先，我们来看一下 RGB 制作的实际工艺流程。如图 1 所示，在完成 BM 制作后分 3 次分别通过光刻胶涂布、曝光、显影、烘烤，形成 R，G，B 色层图形。

如果用一张 Mask 的话，就有两种产线方案。第一种方案是设置一条产线，即涂布、曝光、显影、烘烤流水线一套，做完 R 后，再做 G，最后做 B；第二种方案是设置三条产线来分别对应 R，G，B，即三套涂布、曝光、显影、烘烤流水线。

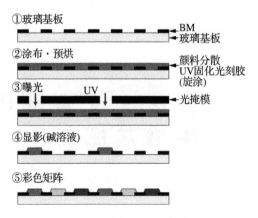

图 1　RGB 制作工艺流程示意图

　　第一种方案相比第二种方案可以少用两条产线,对于厂商而言可节约很多成本。可是问题来了:比如涂布设备,光刻胶 200 kg/桶,打入涂布设备后,前面的 50 kg 是用来洗管路,去除杂质、气泡等,若用同一种设备分别涂布 R,G,B,涂完 R 后换 G 时需要洗管,必须停机半天,同时材料费也不菲。

　　Mask 也是如此。R 的基板曝光结束,是 G 的基板进来曝光还是继续曝光 R 的基板呢? 各种颜色基板一堆堆排队等一张 Mask,而光刻胶随着时间增加,性能却在慢慢退化。

　　如果产量很大,R,G,B 可能分别还要备一至两张 Mask,因此 Mask 平摊到每张基板的总成本里的比例是比较低的。

　　看到这里大家大概已经明白了,每条产线制程都是经过精心设计的,会有一定的弹性。比如烘烤设备可以分批次烘烤 R,G,B 的基板,不一定固定给一种颜色使用。因此,这种想法是好的,但在实际生产中可能并不可行。

第63问　什么是喷墨打印中的咖啡环现象

咖啡环现象,顾名思义就是喝咖啡时咖啡杯的边缘会有一圈咖啡痕迹,呈环状的样子。如图1所示为咖啡液滴固化后的咖啡渍,边缘颜色比较深。

图1　咖啡液滴固化后的示意图

咖啡环是喷墨打印中一种常见的现象,它会导致材料的不均匀沉积,影响打印的分辨率以及器件的性能。而影响墨滴沉积形状最关键之处就是液滴干燥过程和咖啡环的控制。

当喷墨液滴打印到基底上后,在蒸发初始阶段,液滴直径保持不变,但液滴的接触角和高度降低。由于微滴是由悬浮颗粒或溶液液滴中的沉淀物和载体溶剂组成,其中有一些颗粒沉积在接触线附近固定住液滴,使液滴的直径保持不变。

随着蒸发的继续,补给溶剂携带悬浮物质从液滴的中心流到其固定边缘。这个过程持续进行并直到蒸发完成,最后形成咖啡环状的图形。如图2所示是喷墨打印单一溶剂墨水的结果,其中薄膜中间均匀、边沿突起,形成了咖啡环结构。

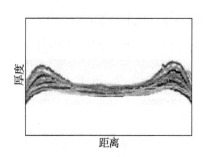

图2　咖啡环结构膜厚分布示意图

液滴形成咖啡环现象需要满足以下三个条件:一是溶剂和基底接触的接触角非零度;二是接触线被固定;三是溶剂是挥发性的。也就是说,形成固定的接触线和蒸发从液滴边缘开始的。

悬浮颗粒的尺寸也会影响到印刷图形干燥后的形貌。如果微滴形成的接触角小于$90°$,则较小的颗粒比较大颗粒更靠近接触线。颗粒的这种沉积行为可以通过干燥液滴边缘的楔形进行说明(如图3所示),这些边缘在物理上限制了颗粒朝液滴的外围移动。

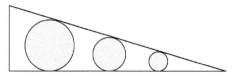

图3　不同大小颗粒在液滴边缘的分布示意图

　　咖啡环可以通过二元混合物溶剂来消除。如果一种溶剂的沸点比另一种高得多,那么接触线上的溶剂蒸发速率会降低,也就降低了接触线和本体之间的浓度梯度差,减缓了补充液流的移动,使得液滴均匀蒸发。如图 4 所示,是为了抑制这种溶质的不均匀沉积,喷墨打印了二元混合物溶剂墨水(加入高沸点溶剂),边缘墨水干燥时间变长,最终形成了膜厚均匀的分布曲线。

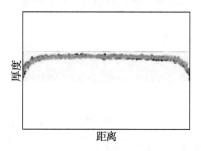

图 4　二元混合物溶剂抑制咖啡环的产生示意图

第64问　为什么铜钛 IGZO 三层湿刻蚀时会发生底切

全球最早发现 IGZO 具有可在均一性极佳的非结晶状态下实现不逊于结晶状态的电子迁移率特性的,是日本东京工业大学前沿技术研究中心暨应用陶瓷研究所的细野秀雄教授。

目前,金属氧化物 IGZO-TFT 的结构主要分为刻蚀阻挡型(Etch Stop Type,简写为 ESL)、背沟道刻蚀型(Back Channel Etch Type,简写为 BCE)和共面型(Coplanar Type)三种类型,其中 BCE 结构如图 1 所示。

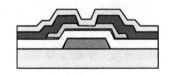

图 1　BCE 结构 TFT 断面示意图

源漏电极可采用铜、钛双层结构,其中钛起缓冲层的作用。在进行图形化时,铜和 IGZO 采用湿刻蚀,钛采用干刻蚀,工艺上需要切换,故工艺较为复杂,成本也较高,所以希望通过三层一次湿刻蚀来完成。如表 1 所示为有机酸单膜刻蚀速率。

表 1　一次湿刻蚀液的各层单膜刻蚀速率

项目	刻蚀速率($Å/s$)
铜单膜刻蚀速率	58
钛单膜刻蚀速率	15
IGZO 单膜刻蚀速率	16

按照以上的刻蚀速率，会认为刻蚀后的三层边缘如图 2 所示。而实际上三层一次湿刻蚀后的断面如图 3 所示。

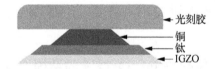

图 2　理想的三层刻蚀后侧边形状断面示意图

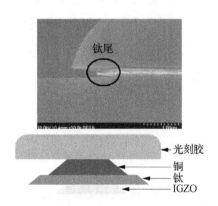

图 3　实际的三层刻蚀后侧边形状断面 SEM 图和断面示意图

那么问题来了：由于钛和 IGZO 的单膜刻蚀速率差异不

大,为什么刻蚀后 IGZO 会退得如此多呢?原因在于电化学反应。将两种活泼性不同的金属钛和 IGZO 用导线连接后插入电解质溶液中(刻蚀液就是一种电解质溶液),形成闭合回路(其实钛和 IGZO 本身就是接触的)。活泼金属(IGZO)侧失去电子,溶解成金属离子和水;不活泼金属(钛)侧的已被刻蚀溶液刻蚀下来的钛阳离子得到电子,还原成钛原子附着回钛表面。而 IGZO 做了钛的牺牲层。虽然原本 IGZO 与钛各自的单膜刻蚀速率差不多,但是由于存在电化学反应,钛一侧不断被刻蚀、不断被还原,IGZO 一侧则一直不断被刻蚀,所以就发生了 IGZO 退得比较快,出现了逆倒角底切的现象。

那么如何解决这个问题呢?方向有两个。一个是使钛和 IGZO 层的活泼性接近,抑制电化学效应的发生,比如在钛和 IGZO 中各自或单独一个中掺杂其它金属形成合金;第二个是在刻蚀液中加入添加剂,如亲 IGZO 性的物质,形成小颗粒物理覆盖或化学反应接触覆盖在 IGZO 断面表面,减缓电化学反应速率。

第65问 如何计算理想化墨滴体积和接触角

在喷墨打印中,喷头能够喷射的最小墨滴大小是考量喷墨打印精度的一个重要参数,如 1pL,3pL(皮升体积)等等喷头规格。另外墨滴和基底的接触角也是一个很关键的工艺参数,其与墨滴的后续铺展、干燥都有密切的关系。下面我们就来简单介绍一下如何计算理想化墨滴体积和接触角。

在气、液、固三相交点处作气-液界面的切线,此切线在液体一方的与固-液交界线之间的夹角称为接触角。

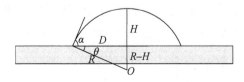

图1 接触角小于90°时的理想墨滴在基底上初始状态示意图

如图1所示,是接触角小于90°时的理想墨滴在基底上初始状态示意图。它是一个缺球体,即球体少了一块体积。我们把缺球体的高定义为 H,缺球半径定义为 R,缺球圆半径定义为 D,缺半球侧小角定义为 θ,那么缺半球侧高度为 $R-H$,接触角 $\alpha = 90° - \theta$。

通过正弦定理等三角定理可以计算出缺半球侧小角 θ，进而算出接触角 α。根据缺球体的体积公式 $V = \pi H^2(R - H/3)$，可以计算出缺球体体积。由于 $1\text{pL} = 1000~\mu\text{m}^3$，那么就可计算出喷头需要喷出的墨滴量了。表1是一个计算参考例。

表 1　接触角小于 90°时的理想墨滴—计算参考例

项目	单位	数值	备注
喷头液滴体积(V)	pL	0.65	—
缺球体积(V)	μm^3	654.50	—
缺球半径(R)	μm	10	—
缺球高(H)	μm	5	$0 < H < R$
缺半球侧高度($R-H$)	μm	5	—
缺球圆半径(D)	μm	8.66	—
缺半球侧小角(θ)	°	30	—
接触角(α)	°	60	—

如图2所示，是接触角大于 90°时的理想墨滴在基底上的初始状态示意图，表2是该状态下一个计算参考例。

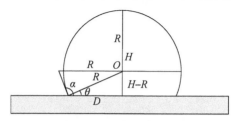

图 2　接触角大于 90°时的理想墨滴在基底上初始状态示意图

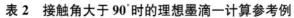

表 2　接触角大于 90°时的理想墨滴—计算参考例

项目	单位	值	备注
喷头液滴体积(V)	pL	3.53	—
缺球体积(V)	μm^3	3534.29	—
缺球半径(R)	μm	10	—
缺球高(H)	μm	15	$R<H<2R$
缺半球侧高度($H-R$)	μm	5	—
缺球圆半径(D)	μm	8.66	—
缺半球侧小角(θ)	°	30	—
接触角(α)	°	120	—

第66问　液晶阈值电压和TFT阈值电压是一样的吗

液晶阈值电压和 TFT 阈值电压是一样的吗？下面我们一起来研究一下。

液晶的阈值电压分为光学阈值电压和电学阈值电压。光学阈值电压是指人眼感受到液晶显示灰阶开始变化时测得的电压，或在透过率-电压曲线上人为定义的电压；而电学阈值电压是指液晶开始转动时的驱动电压。

TN 液晶的电学阈值电压公式如下：

$$U_{th} = \pi \sqrt{\frac{K_{11} + (K_{33} - 2K_{22})/4}{\varepsilon_0 \Delta\varepsilon}}$$

式中，ε_0 为真空中的介电常数，$\Delta\varepsilon$ 为液晶的各向异性相对介电常数，K_{11} 为展曲弹性常数，K_{22} 为扭曲弹性常数，K_{33} 为弯曲弹性常数。

VA 液晶的电学阈值电压公式如下：

$$U_{th} = \pi \sqrt{\frac{K_{33}}{-\varepsilon_0 \Delta\varepsilon}}$$

式中，ε_0 为真空中的介电常数，$\Delta\varepsilon$ 为液晶的各向异性相对介电常数，K_{33} 为弯曲弹性常数。

IPS 液晶的电学阈值电压公式如下：

$$U_{\text{th}} = \frac{\pi I}{d} \sqrt{\frac{K_{22}}{\varepsilon_0 \Delta \varepsilon}}$$

式中，ε_0 为真空中的介电常数，$\Delta \varepsilon$ 为液晶的各向异性相对介电常数，K_{22} 为扭曲弹性常数，I 为电极间距，d 为液晶盒厚。

以上电学阈值电压公式如何推导就不再赘述了，感兴趣的读者可以参考一下高鸿锦老师所著的《液晶化学》一书。

TFT 阈值电压单指电学阈值电压，大小等于栅极和源极接在一起时形成沟道所需要的栅极对源极偏置电压。如果栅极对源极偏置电压小于阈值电压，就没有沟道。也就是说，TFT 阈值电压是 TFT 从关断状态转换成开启导通状态的最小的栅极对源极偏置电压。一个特定的晶体管的阈值电压和很多因素有关，包括栅极材质、栅极绝缘层的厚度、栅极绝缘层中的过剩电荷等。

第67问　什么是背光模组

　　背光模组（Back Light Module,简写为 BLM）又称为背光板,是 TFT-LCD 的重要零组件之一。如图 1 所示,由于 LCD 为非自发光显示器,必须通过背光源投射光线,依序穿透 TFT-LCD 面板中之下偏光板、下玻璃基板、液晶层、彩色滤光片、上玻璃基板、上偏光板等相关零组件,最后进入人的眼睛成像,达到显示功能。而背光模组中的关键零组件有反射片、光源、导光板、扩散片及棱镜片等等。

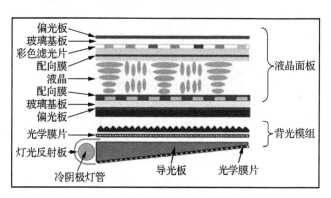

偏光板
玻璃基板
彩色滤光片
配向膜
液晶
配向膜
玻璃基板
偏光板
　　　　　　　　液晶面板
光学膜片
灯光反射板　　　　　　　　背光模组
冷阴极灯管　　　导光板　　光学膜片

图 1　液晶显示器结构图

　　由图 2 可看出背光模组中各零组件之功能。其中,导光板是用射出成型的方法将丙烯压制成表面光滑的楔型板块，然后用具有高反射率且不吸光的材料在导光板底面用网版印刷印上圆形或方形的扩散点，其主要功能在于导引光线方向，提高面板光辉度及控制亮度均匀性；冷阴极灯管位于导光板厚侧的端面，它所发的光以端面照光（Edge Light）的方式进入导光板，大部分的光利用全反射特性往薄的一端传导，但当光线在底面碰到扩散点时，反射光会往各个角度扩散，破坏全反射条件从导光板正面射出，而利用疏密、大小不同的扩散点图案设计，可使导光板面均匀发光；扩散片的作用是让射出的光分布更加均匀，也可在扩散片上加上有聚光作用的棱镜片，增加出射光的方向性，达到提高正面亮度的目的；反射片将从底面漏出的光反射回导光板中，防止光源外漏并增加光的使用效率。

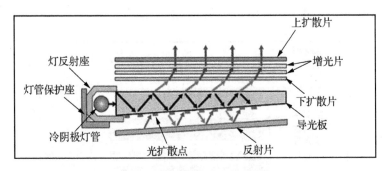

图 2 背光模组各零组件示意图

背光模组按照光源位置可分成两种结构，一是侧光式（Edge Type），光源在面板四周，将从屏幕边缘发射的光通过导光板传送到屏幕中央；二是直下式（Direct Type），光源在面板后方,利用扩散板均匀光源(如图 3 所示)。

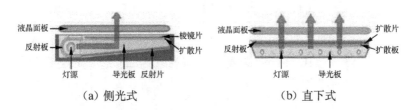

（a）侧光式　　　　　　　　　　（b）直下式

图 3　依照光源位置分类的背光模组

根据相关报告指出,在 2010 年时 CCFL 背光仍是液晶电视背光的主流技术,而 LED 背光则占了近三成的比重,其中侧光式 LED 背光更占了 LED 背光的九成份额,主要是因为这种结构方式成本较低,同时也能达到薄型化与亮度上的要求。但随着背光技术的进步与显示品质需求的提升,尤其是为了强调高动态对比而必须采取局部调光技术,现如今已是 LED 背光的天下了。

表 1 中针对各种背光技术进行了比较,从中不难看出 LED 背光技术所具有的优势。

表 1　背光技术比较

项目	EL	CCFL	LED	OLED
发光方式	直下式	侧光与直下式	侧光与直下式	直下式
发光寿命 (h)	3000～ 5000	5000～ 10000	50000 以上	10000 以上
背光源	平面式光源	线形光源	点光源	面光源

项目	EL	CCFL	LED	OLED
特色	通过上下层片状 ITO Film 施加高电压,靠无机材料的荧光体在交互电场激发下发光,为冷光源	需要采用单管的侧光方式或者多管排列的直下方式	采直下式平均排列或者单侧直条状排列	采用非常薄的有机材料涂层和玻璃基板,当有电流通过时,这些有机材料就会发光
优点	①光源均匀; ②轻薄且具可挠性; ③耐冲击	①亮度高; ②色域广	①亮度高; ②色域广; ③发光寿命长; ④最省电	①光源均匀; ②轻薄; ③耐冲击
缺点	①电压高; ②亮度偏低; ③寿命短; ④易有电路干扰及杂讯	①调光不易; ②驱动电压高,功耗较大; ③需交流电源驱动,因此需另加反相器; ④需要有混光距离	① PGB-LED 需要有混光距离; ②有些需要散热模组; ③成本较高	①各色发光材料衰减率不一; ②成本高
电压（V）	$70\sim110$ $80\sim100$	$500\sim1000$	$3.8\sim4.5$	$2\sim10$
亮度（cd/m²）	—	$3000\sim35000$	$1700\sim5000$	$1000\sim5000$
操作温度（℃）	$-20\sim70$	$0\sim60$	$-20\sim70$	$-30\sim70$
颜色	绿、蓝绿、橙	白	红、绿、蓝、白	红、绿、蓝、白

为了提高面板辉度、省电效能并节省材料成本，背光模组 V-Cut 新技术也随之应运而生。不同于以往使用 2 片 3M 棱镜片的 NB 用背光模组，V-Cut 技术主要采用 1 片三菱化工的逆棱镜片，下方再加上 1 片导光板设计而成（如图 4 所示）。其中导光板表面成形 V-Cut 结构，除了可以提高辉度与光源均匀度外，也可以达到薄型化与低成本化。此开发产品以 V-Cut 导光板搭配三菱的逆棱镜片，可减少高单价的棱镜片或增光膜等光学膜片使用量，并提升亮度。该技术起源于日本，已率先应用于 NB 背光模组。

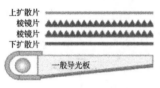

（a）传统背光模组

（b）V-Cut 背光模组

图 4　两种背光模组结构比较示意图

第68问 喷墨有机半导体TFT是怎么制作的

早在 1968 年，人们就发现了具有场效应的有机材料——钛青铜。

有机半导体材料具有如下优势：

（1）制备工艺温和，可采用溶液法制备。如喷墨打印技术，不需要真空环境，可室温下完成制备。

（2）有机半导体材料可以按需合成，并且可以根据官能基团特点实现功能上的改变，朝着有利于载流子传输的方向上发展。

（3）易于大面积制程，溶液的流动性为有机半导体材料的大面积化提供了保证。

（4）柔性，可像 OLED 一样制备在柔性的基底上，实现柔性电子器件。

如图 1 所示，是 2008 年索尼公司有机半导体 TFT 的 OLED 结构图。

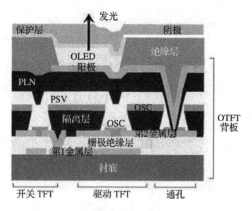

图 1　有机半导体 TFT 的 OLED 结构图

　　1992 年,经典的有机材料并五苯(Pentacene)被提出,从此以后,人们对该材料及其用于场效应管的研究一直没有停滞,有机半导体材料制备的场效应管迁移率也由最开始的 10^{-5} cm^2 · V^{-1} · s^{-1} 提升至 10 cm^2 · V^{-1} · s^{-1}。有机半导体薄膜晶体管技术在平板显示领域正在从实验室走向产业化,使我们对有机电子学科的发展抱有了希望,也让我们距离全柔性屏和可拉伸屏幕的设想更近了一步。如图 2 所示,是有机半导体 TFT 结构示意图。

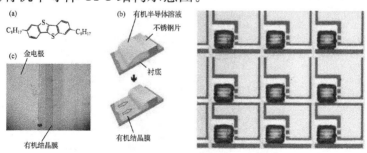

图 2　有机半导体 TFT 结构示意图

喷墨打印是一种低价、可靠、快速、方便的图形化技术。在工业上广泛应用的喷墨打印技术，可以用来降低成本、提供高质量产出、将模拟量转化为数字量、减少库存，处理大型、小型、柔性、易碎或者非平面基底，减少废弃物、大批量定制、更快速的原型开发以及实现即时制造等。

如图3所示，在进行彩膜中R，G，B打印时，使用R，G，B墨水喷头分三次在基板上喷射完成。

图3　彩膜喷墨打印示意图

如图4所示是喷墨打印的薄膜晶体管图片。可以看到，由于喷墨的墨水在基板上的形状和喷墨的位置变化，源、漏电极和栅极的重叠偏差较大，图形也不是很好。显然，这样的话，会使喷墨打印有机晶体管的性能下降。

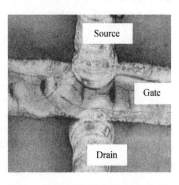

图4　喷墨打印的薄膜晶体管图

如图5所示是纳米压印图形的SEM图。纳米压印技术是一种微纳加工技术,其通过机械转移的手段达到了超高的分辨率,有望在未来取代传统光刻技术,成为微电子、材料领域的重要加工手段。将模板上的微纳结构转移到待加工材料上,目前报导的加工精度已经达到2 nm,超过了传统光刻技术达到的分辨率。该技术的第1步是模板的加工,一般使用电子束刻蚀等手段;第2步是图样的转移。

图5 纳米压印图形的SEM图

如图6所示,喷墨打印时纳米压印的凹槽图形层中,墨水滴被限定在凹槽内,可以实现微米级的位置精度。

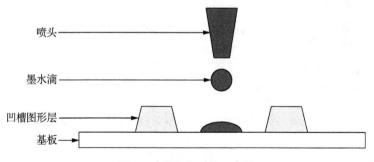

图6 喷墨打印时的示意图

如图 7 所示是墨水固化后的示意图,从图中可以看出墨水固化后的形状非常规则。

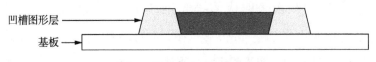

图 7　墨水固化后的示意图

接下来我们重点介绍一种有机半导体薄膜晶体管阵列基板的制造方法,即通过使用喷墨打印的方式来形成栅电极、共通电极、沟道、源电极、漏电极、像素电极图形;通过压印方式来形成第 1 缓冲层、栅极绝缘层、第 2 缓冲层、钝化层,以及定义栅极、共通电极、沟道、源极、漏极、像素电极图形的喷墨滴下凹槽。如图 8 所示,是有机半导体薄膜晶体管阵列基板的结构示意图。

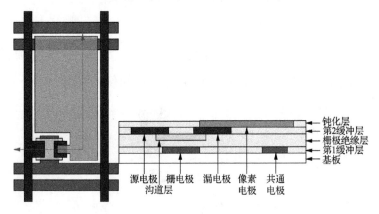

图 8　有机半导体薄膜晶体管阵列基板结构示意图

第 1 步:如图 9 所示,在基板上通过纳米压印方式形成第 1 缓冲层图形,用来定义栅电极、共通电极等图形的喷墨滴下凹槽,然后进行低温烘烤固化。第1缓冲层材料可以是聚酰亚胺、聚四乙基苯酚等聚合物绝缘性电解质胶体材料,烘烤温度在 $100 \sim 250\ ℃$ 之间,成膜最终厚度为 $1 \sim 3\ \mu m$。

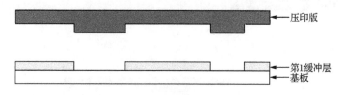

图9 有机半导体薄膜晶体管阵列基板制程第1步示意图

第2步:如图10所示,通过喷墨打印方式在第1缓冲层形成的凹槽内滴入墨水,形成栅电极、共通电极等图形,然后进行低温烧结固化。墨水材料可以是纳米银分散墨水,烧结温度在 $70 \sim 200\ ℃$ 之间,成膜最终厚度为 $1 \sim 3\ \mu m$。

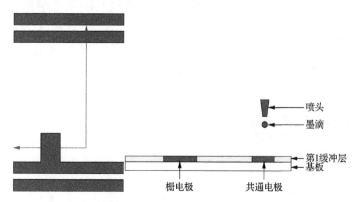

图10 有机半导体薄膜晶体管阵列基板制程第2步示意图

第3步:如图11所示,在基板上通过纳米压印方式形成栅极绝缘层和沟道层图形,用来定义沟道层图形的喷墨滴下凹槽,然后进行低温烘烤固化。栅极绝缘层可以是聚酰亚胺、聚四乙基苯酚等聚合物绝缘性电解质胶体材料,烘烤温度在 $100\sim250\ ^{\circ}\mathrm{C}$ 之间,成膜最终厚度为 $1\sim3\ \mu\mathrm{m}$。

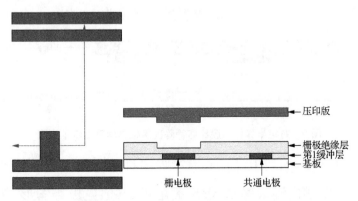

图 11　有机半导体薄膜晶体管阵列基板制程第 3 步示意图

第 4 步:如图 12 所示,通过喷墨打印方式在栅极绝缘层形成的凹槽内滴入有机半导体墨水,形成沟道层图形,然后进行低温烘烤固化。有机半导体墨水材料可以是聚噻吩、聚芳胺、并五苯等,烘烤温度在 $100\sim150\ ^{\circ}\mathrm{C}$ 之间,成膜最终厚度为 $0.5\sim2\ \mu\mathrm{m}$。

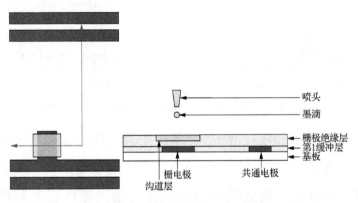

图 12　有机半导体薄膜晶体管阵列基板制程第 4 步示意图

第5步：如图13所示，在基板上通过纳米压印方式形成第2缓冲层图形，用来定义源、漏电极等图形的喷墨滴下凹槽，然后进行低温烘烤固化。第2缓冲层材料可以是聚酰亚胺、聚四乙基苯酚等聚合物绝缘性电解质胶体材料，烘烤温度在100～250 ℃之间，成膜最终厚度为1～3 μm。

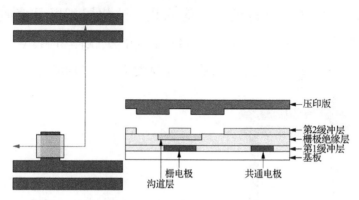

图 13　有机半导体薄膜晶体管阵列基板制程第 5 步示意图

第6步：如图14所示，通过喷墨打印方式在第2缓冲层

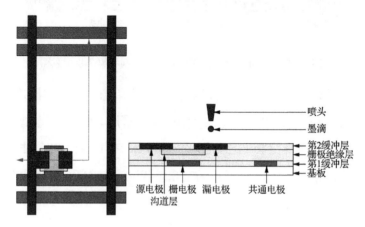

图 14　有机半导体薄膜晶体管阵列基板制程第 6 步示意图

形成的凹槽内滴入墨水,形成源、漏电极等图形,然后进行低温烧结固化。墨水材料可以是纳米银分散墨水,烧结温度在 $70\sim200\ ℃$ 之间,成膜最终厚度为 $1\sim3\ \mu m$。

第 7 步:如图 15 所示,在基板上通过纳米压印方式形成钝化层和像素电极层图形,用来定义像素电极层图形的喷墨滴下凹槽,然后进行低温烘烤固化。钝化层可以是聚酰亚胺、聚四乙基苯酚等聚合物绝缘性电解质胶体材料,烘烤温度在 $100\sim250\ ℃$ 之间,成膜最终厚度为 $1\sim3\ \mu m$。

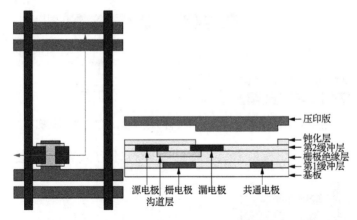

图 15　有机半导体薄膜晶体管阵列基板制程第 7 步示意图

第 8 步:如图 16 所示,通过喷墨打印方式在钝化层形成的凹槽内滴入墨水,形成像素电极等图形,然后进行低温烘烤固化。墨水材料可以是聚合物导体 PEDOT:PSS 或者聚苯胺构成的墨水,烘烤温度在 $100\sim250\ ℃$ 之间,成膜最终厚度为 $1\sim3\ \mu m$。

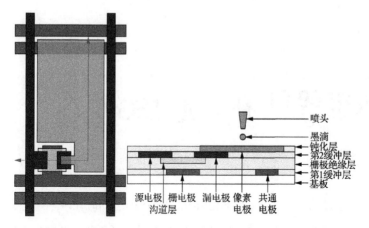

图 16　有机半导体薄膜晶体管阵列基板制程第 8 步示意图

第69问 什么是 TEG

TEG 是英文 Test Element Group 的简写，中文意思为测试元素群或测试元件组，用来满足进行测试时的各种需求。下面先举个例子。

如图 1 所示，是膜厚测量的 TEG，用来测量各层的膜厚。在面板的四周进行配置，使用探针测试设备对 TEG 进行刮

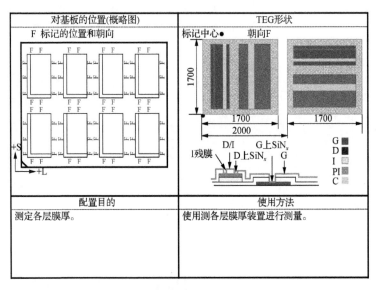

对基板的位置(概略图)	TEG形状
F 标记的位置和朝向	标记中心● 朝向F
配置目的	使用方法
测定各层膜厚。	使用测各层膜厚装置进行测量。

图1 各层膜厚测量 TEG 示意图

扫,得出表面轮廓,然后通过高低差(段差)计算即可得出各层对应的膜厚。通过它进行测量可以在线得到大基板各个地方的膜厚,而不必破片去进行 SEM(Scanning Electron Microscope,即扫描电子显微镜)。

再举个例子。如图 2 所示,是薄膜晶体管(TFT)特性测量的 TEG。它可以用来代替像素内的 TFT 来进行电学性能的测量(如电流-电压曲线等),这是因为像素内的 TFT 的源、漏、栅电极线非常细(微米级),而且上面还有钝化绝缘层,一般探针(亚毫米级)很难扎准。如果使用 TEG 图形的话,就方便多了。

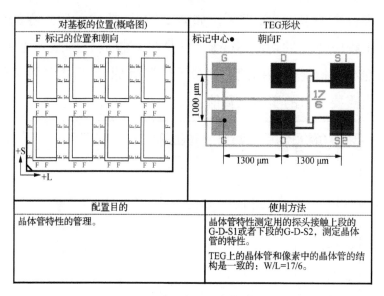

图 2 薄膜晶体管电学性能测量的 TEG 示意图

最后需要说明的是,TEG 不仅可以测试目前设计上需要测试的单元,还可以测试下一个设计或未来设计的单元。

247

第70问 Mark 和 Vernier 的区别是什么

Mark 和 Vernier，字面意思分别是标记和游标（标尺）。先举一个关于 Mark 例子。如图 1 所示，是成盒后工程的切断工程中使用的切断 Mark。它是将基板放置到载台上后，由照相机捕捉十字标记并记录下位置坐标，然后由计算机计算出需要下刀的实际位置信息。

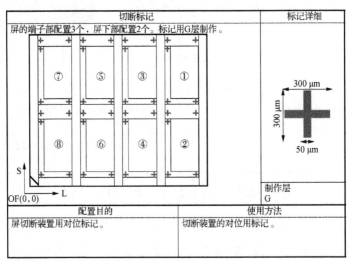

图 1　成盒后工程的切断工程中使用的切断 Mark 示意图

接下来举一个关于 Vernier 的例子。如图 2 所示,是成盒中工程的 Seal(框胶)涂布工程中使用的框胶宽度和位置确认 Vernier。它是在框胶涂布完成后,对涂布的框胶的实际宽度和涂布位置的值进行量测时使用。

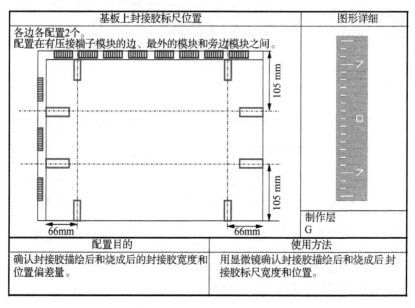

基板上封接胶标尺位置	图形详细
配置目的	使用方法
确认封接胶描绘后和烧成后的封接胶宽度和位置偏差量。	用显微镜确认封接胶描绘后和烧成后封接胶标尺宽度和位置。

图 2 成盒中工程的框胶涂布工程中使用的框胶宽度和位置确认 Vernier 示意图

下面简单总结一下:狭义上,标记是事前用来使用的,标尺是事后用来使用的;广义上,所有事前和事后使用的都可以称为标记。如有些事后测量,可以通过刻度显微镜或人眼观察来对标记的中心点到某个位置的距离进行测量,这时的标记也就当作标尺,只是需要辅助刻度显微镜量测或人眼进行估算。

第71问 场序列 PDLC 透明显示是什么

对于《阿凡达》《钢铁侠》等众多科幻电影而言，先进的透明显示设备是这些影片的一大卖点。"透明显示器"在高穿透率的特性之下，结合彩色滤光片可具有透明彩色的效果。更进一步，结合 R/G/B/W 像素的组合设计，将兼具有透明与彩色饱和度，展现出彩色化面板的优质效果。而这些经常出现在科幻电影中令人印象深刻的各式大小型透明显示屏幕，即将真正出现在我们的生活中。

2017 年日本 JDI 公司公布了一款透明显示器样品，甚是惊艳。如图 1 所示，其采用散射型液晶并采用场序列色彩（Field Sequential Color，简写为 FSC）模式驱动，减少了一般 LCD 面板的偏光片和彩色滤光片层，最大程度保证了光的穿透性，在息屏状态下透过率可达到 80%，是常规 LCD 透明显示屏透过率的 2.7 倍，常规 OLED 透明显示屏透过率的 1.8 倍。在屏幕点亮状态下，既能看到画面动态，也能看到后边实物。该产品的驱动频率是普通产品的 3 倍以上，达到

180Hz。下面我们就来了解一下这款样品的技术原理。

图1　JDI公司展示的透明显示器

首先我们介绍一下背景技术。PDLC是英文Polymer Dispersed Liquid Crystal的简写，中文名叫聚合物分散液晶。聚合物分散液晶（PDLC）是将低分子液晶与预聚物相混合，在一定条件下经聚合反应形成微米级的液晶微滴并均匀地分散在高分子网络中，再利用液晶分子的介电各向异性获得具有电光响应特性的材料，主要工作在散射态和透明态之间并具有一定的灰度。相对于传统显示器件来说，聚合物分散型液晶显示器具有很多优点，例如不需偏振片和取向层、制备工艺简单、易于制成大面积柔性显示器等，目前已在光学调制器、热敏及压敏器件、电控玻璃、光阀、投影显示、电子书等方面获得广泛应用。

RGB场序列液晶显示技术的原理是在维持像素个数不

变的情况下采用时分复用制,这样只要顺序发射出红光、绿光、蓝光,同时控制每个像素的薄膜晶体管(TFT),使其相应的按照该像素在这种颜色时所应当具有的强度来开启液晶光阀。但是,要顺序地发出红、绿、蓝三种颜色并能形成一个彩色的视频图像,就必须利用人眼的视觉残留作用。而只要这三种颜色顺序重复的周期小于人眼的视觉残留时间,就可以在人们的大脑中形成一个彩色的图像。视觉残留时间实际上就是电视的场频周期,即六十分之一秒,这也就要求在六十分之一秒的时间内必须完成红、绿、蓝三个图像的显示。因此,这种方式被称为"场顺序"体制,也有人称之为"色顺序"体制。

如图2所示,是JDI公司透明显示器件工作原理示意图。LED光从基板的边缘射入,由于受空气和基板的折射率差影响,通过两基板和液晶层不断进行全反射。

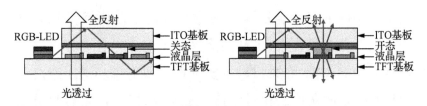

图2 基板内全反射透明显示开关态示意图

液晶层材料采用的是正性液晶和正性网络聚合物。如图3(a)所示,在不加电压的关态时,液晶分子和聚合物分子平行排列,因此液晶分子和聚合物分子没有折射率差异,光线顺利通过液晶与聚合物网络层,继续进行全反射的行程;

如图 3(b)所示,在加电压的开态时,液晶分子和聚合物分子非平行排列,因此液晶分子和聚合物分子有折射率差异,光线发生散射,中断了全反射的行程,并且由于液晶分子受到了聚合物网络的配向,响应时间可达 1 ms 左右。

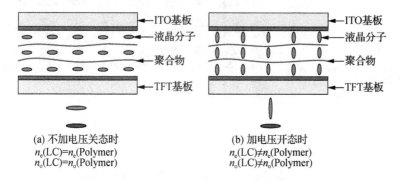

(a) 不加电压关态时
$n_e(LC)=n_e(Polymer)$
$n_o(LC)=n_o(Polymer)$

(b) 加电压开态时
$n_e(LC)\neq n_e(Polymer)$
$n_o(LC)\neq n_o(Polymer)$

图 3 液晶分子开关态示意图

第72问 为什么OLED器件采用不透明金属阴极在上的顶发射结构或在上的明金属阴极在上的透底发射结构

OLED是一种采用自发光元件的先进显示器,具有色彩丰富、超薄和自由弯曲等优点。目前OLED的发光方式可分为两种,即顶发射和底发射。制作薄膜晶体管(TFT)基板后,是什么决定让顶部发光还是底部发光呢?

如图1所示,底发射型器件的结构从上至下依次是不透明金属阴极、有机功能层、透明阳极、TFT阵列基板,光线从阳极的TFT阵列基板侧出射,因而称为底发射。在主动显示中,OLED发光器件是由TFT来控制的,因此如果器件是以

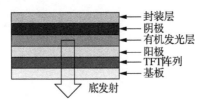

图1　底发射OLED器件结构示意图

底发射形式出光,光经过基板的时候就会被基板上的 TFT 和金属配线阻挡,从而影响实际的发光面积。如果光线是从器件上方出射,采用顶发射器件结构(如图 2 所示),那么基板的线路设计就不会影响器件的出光面积,相同亮度下 OLED 的工作电压更低,可以获得更长的使用寿命。因此,顶发射器件是小像素、高 PPI 的小屏如手机等主动显示的首选。大型显示屏如电视,由于像素面积较大,有充足的空间来放置 TFT 和金属配线,即使 TFT 和金属配线阻止了部分光线照射,也不会大幅影响亮度。但当电视朝着 8K4K,16K8K 等超高分辨率发展时,像素尺寸变小,底发射器件开口率不足的问题也会到来。

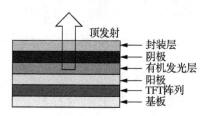

图 2　顶发射 OLED 器件结构示意图

　　但顶发射也是有问题的。其与底发射不同,它的光必须穿过金属阴极,因此金属阴极需要做得很薄才能实现高透过率。经过工程人员多年研究,现已经最大限度地使由金属材料制成的阴极尽可能透明。但是金属阴极变薄之后,电阻又会变大,如电视屏幕,会由于屏幕中间与边框距离太远而供电不足,导致出现负载过大显示不了的问题,所以电视采用顶发射还是有问题的。

　　那底发射器件的结构可不可以是不透明阳极、有机功能

层、透明金属阴极、TFT 阵列基板呢（如图 3 所示）？而顶发
射器件的结构可不可以是透明阳极、有机功能层、不透明金
属阴极、TFT 阵列基板呢（如图 4 所示）？

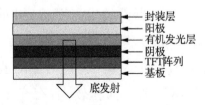

图 3　阴极在下的底发射 OLED 器件结构示意图

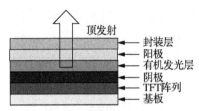

图 4　阴极在下的顶发射 OLED 器件结构示意图

　　先说一下不透明阳极、有机功能层、透明金属阴极、阵列
基板结构的底发射器件。首先阳极材料由于功函数匹配的
问题一般采用 ITO 材料制作，而 ITO 的成膜方法是溅射为
主，在蒸镀完有机材料后再进行 ITO 溅射时，由于溅射能量
较高，会破坏有机材料的分子结构，所以这个器件结构不行。
对于透明阳极、有机功能层、不透明金属阴极、TFT 阵列基板
的顶发射器件，也是同理。

　　因此从目前来看，小尺寸屏是采用透明金属阴极、有机
功能层、不透明阳极、TFT 阵列基板的顶发射结构较多；而大
尺寸屏采用不透明金属阴极、有机功能层、透明阳极、TFT 阵
列基板的底发射结构较多。

第73问　为什么顶发射器件阴极厚度偏大会导致双面发光

OLED 顶发射器件,从基板侧来看依次是 TFT 器件、像素 ITO/Ag/ITO 阳极、有机发光各功能层、金属镁银或锂铝合金阴极。

对于顶发射器件,通常我们希望光能够都从顶部透射出去。但是,从有机层发出的光是向各个方向发射的。如果阴极厚度偏大,就会导致阴极透过率偏小,反射率变大,那么反射回来的光会透过阵列基板上驱动线路层间的缝隙从底面发射出去,从而变成双面发光了。如图 1 所示是 OLED 顶发

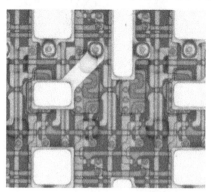

图 1　OLED 顶发射器件 TFT 基板像素示意图

射器件 TFT 基板像素示意图。

有如下解决问题的想法：

（1）将 TFT 基板背面贴反射膜，可是玻璃基板厚度为 0.15~0.4 mm，斜反射距离太长，容易和隔壁像素混色；

（2）将 TFT 基板背面镀 Ag＋ITO 反射膜（如同 IPS 面板的背面 ITO，防静电使用），因玻璃厚度为 0.15~0.4 mm，斜反射距离太长，还是容易和隔壁像素混色；

（3）将 TFT 基板内侧先镀一层全图形反射层（会增加 RC 负载）＋绝缘层，再做驱动线路层或图形化全图形反射层（可以使用其它层的 Mask＋负性光阻），进行多次曝光堵住缺口，但成本太高，良率太差。

综合以上考虑，还是调整阴极金属厚度，使光都能够从顶部提取出来为最好的方法。

第74问　为什么响应速度的下降时间通常比上升时间要长一些

在本书第1辑中我们已介绍过什么是液晶响应时间,这里再复习一下。

所谓液晶响应时间,即黑白响应时间,是液晶显示器各像素点对输入信号反应的速度,即像素由暗转亮或由亮转暗所需要的时间(其原理是在液晶分子内施加电压,使液晶分子扭转与恢复)。如我们常见的5ms响应速度对应的就是这个响应时间。响应时间越短,则使用者在看动态画面时越不会有尾影拖曳的感觉。

一般将黑白响应时间分为两个部分,即上升时间(t_{on})和下降时间(t_{off}),而表示时以两者之和为准,即

$$t_{response} = t_{on} + t_{off}$$

如图1所示为常白模式响应时间时序图,可以理解为TN液晶显示响应时序。TN显示屏幕广泛应用在显示器和笔记本中,下面我们以TN模式为例来解释响应时间。

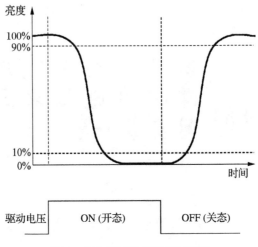

图 1　常白模式响应时间时序图

TN 液晶响应时间公式如下：

$$t_{\text{on}} = \frac{\gamma_1 d^2}{\varepsilon_0 \Delta\varepsilon (U^2 - U_{\text{th}}^2)}, \quad t_{\text{off}} = \frac{\gamma_1 d^2}{\varepsilon_0 \Delta\varepsilon \, U_{\text{th}}^2}$$

其中，阈值电压 U_{th} 的公式如下：

$$U_{\text{th}} = \pi \left[\frac{K_{11} + \frac{1}{4}(K_{33} - 2K_{22})}{\varepsilon_0 \Delta\varepsilon} \right]^{\frac{1}{2}}$$

式中，γ_1 是旋转黏度，d 是液晶盒厚，ε_0 是真空中的介电常数，$\Delta\varepsilon$ 是液晶的各向异性相对介电常数，U 是施加电压，K_{11} 是展曲弹性常数，K_{22} 是扭曲弹性常数，K_{33} 是弯曲弹性常数。

通常情况下，t_{off} 时间要略长于 t_{on}。例如 TN 型常用液晶 t_{response} 为 5.6 ms，其中 t_{on} 为 0.6 ms，t_{off} 为 5.0 ms。

通过上升时间（t_{on}）和下降时间（t_{off}）公式，可以看出它们的差别就在分母部分的 $U^2 - U_{\text{th}}^2$ 和 U_{th}^2。如果 $U^2 - U_{\text{th}}^2$ 大

于 U_{th}^2，那么 t_{on} 就会小于 t_{off}，反之亦然。根据实测结果，TN 液晶施加电压在 5 V 的时候，阈值电压一般在 1.5～2.5 V 之间，所以下降时间（t_{off}）通常比上升时间（t_{on}）要长一些。

下面补充说明一下液晶的三个弹性常数。液晶中描述分子取向的指向矢在外场作用下可以改变它的取向，而在外场移走后，由于分子间的相互作用，它又会弹性恢复到原先取向。液晶所有的形变可以用三种基本类型的形变来描述，即展曲（Splay）、扭曲（Twist）和弯曲（Bend）（如图 2 所示），弹性常数分别为 K_{11}，K_{22}，K_{33}。

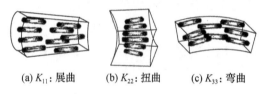

(a) K_{11}: 展曲   (b) K_{22}: 扭曲   (c) K_{33}: 弯曲

图 2　展曲、扭曲和弯曲的示意图

关于 VA 液晶响应速度，液晶站起来的响应时间（t_{on}）和液晶躺下去的响应时间（t_{off}）的计算公式分别为

$$t_{on} = \frac{\gamma_1 d^2}{\varepsilon_0 \Delta\varepsilon(U^2 - U_{th}^2)}, \quad t_{off} = \frac{\gamma_1 d^2}{\pi^2 K_{33}}$$

其中，阈值电压 U_{th} 的公式如下：

$$U_{th} = \pi\sqrt{\frac{K_{33}}{-\varepsilon_0\Delta\varepsilon}}$$

式中，γ_1 是旋转黏度，d 是液晶盒厚，U 是施加电压，ε_0 是真空中的介电常数，$\Delta\varepsilon$ 是液晶的各向异性相对介电常数，K_{33} 是弯曲弹性常数。

关于 IPS 液晶响应速度,液晶站起来的响应时间(t_{on})和液晶躺下去的响应时间(t_{off})的计算公式分别为

$$t_{on} = \frac{\gamma_1 I^2}{\varepsilon_0 \Delta \varepsilon (U^2 - U_{th}^2)}, \quad t_{off} = \frac{\gamma_1 d^2}{\pi^2 K_{22}}$$

其中,阈值电压 U_{th} 的公式如下:

$$U_{th} = \frac{\pi I}{d} \sqrt{\frac{K_{22}}{\varepsilon_0 \Delta \varepsilon}}$$

式中,γ_1 是旋转黏度,U 是施加电压,ε_0 是真空中的介电常数,$\Delta \varepsilon$ 是液晶的各向异性相对介电常数,K_{22} 是扭曲弹性常数,d 是液晶盒厚,I 是电极间的距离。

若 $K_{11} \approx 10^{-11}$ dyn,$K_{22} \approx 10^{-11}$ dyn,$K_{33} \approx 2 \times 10^{-11}$ dyn,感兴趣的读者可以试着计算一下 VA 和 IPS 的上升时间(t_{on})与下降时间(t_{off})。

第75问 什么是涂膜

涂料在面板生产工艺上非常常见,这种材料可以用不同的施工工艺涂覆在对象表面,形成黏附牢固、具有一定强度、连续的固态薄膜,而这样形成的膜通称涂膜或涂层。下面我们先来了解一下涂料由哪些成分组成。

(1)成膜物质:也称为基料,是形成涂膜连续相的物质,也是涂料最主要的成分。成膜物质的性质对涂料的性能起着主要作用。

(2)颜料:能赋予涂料颜色和遮盖力,提高涂层的机械性能和耐久性;有的还能改善流变性能,降低成本或使涂层具有防锈、抗污、磁性、导电、杀菌等功能。颜料按成分可分为无机颜料或有机颜料,而按照性能则可分为着色颜料、体质颜料以及功能性颜料等等。

(3)溶剂:具有溶解或分散成膜物质为液态,降低涂料的黏度,使之易于施工涂装的作用。溶剂是涂料中的辅助成分,能对涂料或涂膜的某一特定方面的性能起到改进作用。

(4)助剂:也是涂料中的辅助成分,能对涂料或涂膜的某一特定方面的性能起到改进作用。

1. 涂膜与基材的黏附理论

涂膜与基材之间可通过机械结合、化学键、物理吸附、氢键和范德华力等作用结合在一起（如图1所示），而这些作用所产生的黏附力决定了涂膜与基材间的附着力。

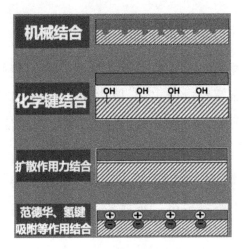

图1 附着力的主要分类

（1）机械结合：涂料渗透到基材的孔隙中，固化后就像许多小勾子把涂膜和基材连结在一起。

（2）化学键：化学键（包括氢键）的强度比范德华力强得多，当聚合物带有氨基、羟基和羧基时，易与基材表面氧原子和氢氧基团等发生氢键作用，因而具有较强的附着力。实际对附着力可再细分为两类，即主价力和次价力，化学键即为主价力，具有比次价力（以氢键为代表）强得多的附着力。

（3）吸附作用：包括物理吸附和化学吸附。涂料在固化前完全润湿基材表面,才有较好的附着力。

(4) 扩散作用:当基材为高分子材料时,涂料中的成膜分子与基材互相扩散(或称互溶),使界面消失(要求两者溶解度参数相近,且工艺温度达到其 T_g 以上,才能互相渗透)。

(5) 静电作用:金属与有机涂膜接触时,金属对电子亲和力低,容易失去电子,而有机涂膜对电子亲和力高,容易得到电子,故电子从金属向涂膜转移,使界面产生接触电势,形成双电层。

2. 附着形成机理

当不相似的两种材料达到紧密接触时,空气中的两个自由表面消失,形成新的界面。界面相互作用的性质决定了涂料和底材之间附着的强度,而相互作用的程度基本上是由涂料和底材之间的润湿性决定(尤其是使用液相涂料时)。为了保持涂层与底材的附着力,除了保证初步的润湿性外,在涂膜形成及固化后仍保持键合情况不变也是很重要的。

以上附着机理只有当底材和涂料达到有效润湿时才起作用。表面的润湿可从热力学角度来描述,而涂料在液态时的表面张力以及底材和固态涂膜的表面能是影响界面黏接强度和附着力形成的重要指标。测定表面能(或表面张力)广泛采用的办法是测量接触角,再通过接触角来计算表面自由能。当液体停留在固体表面上时,固体-气体的表面张力为 γ_{SV},液体-气体的表面张力为 γ_{LV},固体-液体的表面张力为 γ_{SL}。接触角是气、液、固三相交点处液滴表面之切线与固体-液体交界线的夹角（如图 2 所示），它的大小量值可以用杨氏公式表示，即 $\gamma_{SV} - \gamma_{SL} = \gamma_{LV}\cos\theta$。借由液滴的接触角，便可了解底材和涂料之间的润湿状况。

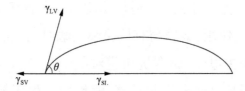

图 2　接触角量测示意图

第76问　为什么 IPS 和 FFS 模式 CF 需要背面 ITO 而 TN 和 VA 模式不需要

如图1、图2和图3所示,分别是 TN,VA 和 IPS 模式液晶盒工作原理的示意图。

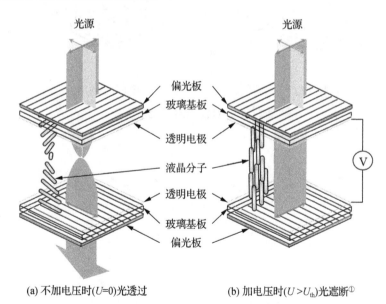

(a) 不加电压时(U=0)光透过　　　　　(b) 加电压时($U > U_{th}$)光遮断[①]

图1　TN 液晶盒工作原理示意图

———————————

① 配向膜省略。

从图中可以看到，TN 和 VA 液晶模式的驱动电极是上下基板（上基板是彩膜基板的 ITO 共通电极，下基板是阵列基板的 ITO 像素电极）都有，电场方向垂直于液晶盒；而 IPS 液晶模式的驱动电极是在水平方向，并且都在阵列基板上，电场方向水平于液晶盒。

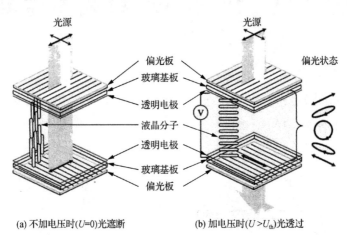

(a) 不加电压时(U=0)光遮断　　　(b) 加电压时($U > U_{th}$)光透过

图 2　VA 液晶盒工作原理示意图

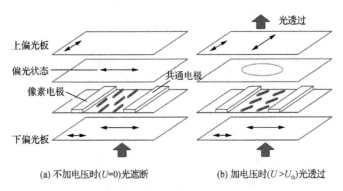

(a) 不加电压时(U=0)光遮断　　　(b) 加电压时($U > U_{th}$)光透过

图 3　IPS 液晶盒工作原理示意图

那么问题来了:彩膜侧如果有外来的电荷(比如静电或手指感应电荷)附着在彩膜基板侧,那么它就会与阵列基板的电极间形成附加的垂直电场,从而影响液晶分子的偏转。TN 和 VA 液晶模式,由于在彩膜基板的内侧都有 ITO 共通电极,可以屏蔽外部电荷带来的影响。而 IPS 和 FFS 液晶模式,由于在彩膜基板侧没有电极,因此会发生外部电荷与阵列基板侧电极形成垂直电场,使原本水平转动的液晶分子发生垂直转动,导致漏光发生而影响显示。因此对于 IPS 和 FFS 液晶模式,一般在彩膜基板的外侧做一层背面 ITO,通过导电胶带连接到金属前框或 PCB 基板接地的方式将外部电荷及时导出,避免发生垂直电场。

如图 4 和图 5 所示,是 TN 液晶模式的彩膜基板和 IPS 液晶模式的彩膜基板示意图,而 VA 液晶模式和 TN 液晶模式同理,FFS 液晶模式和 IPS 液晶模式同理。

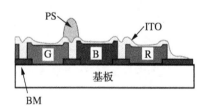

图 4　TN 液晶模式的彩膜基板示意图

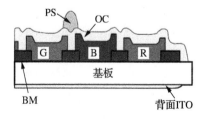

图 5　IPS 液晶模式的彩膜基板示意图

那么问题又来了:能否在 IPS 液晶模式的彩膜基板的内侧制作 ITO 屏蔽层? 答案是否定的。因为 ITO 屏蔽层是加接地电压的,液晶盒厚只有 $3\sim4\mu\mathrm{m}$,阵列基板的像素电极采用例如 5V 正负电压交流驱动时,和彩膜的 0V 的接地电压之间还是会构成垂直电场,从而影响液晶转动。但是在彩膜基板背面,由于玻璃厚度有数百微米,这时形成的垂直电场强度只有阵列基板侧的液晶水平驱动电场强度的几百分之一(像素电极和共通电极间水平间距只有几微米,压差只有几伏特),影响就大大降低了。

当然,也有采用在彩膜基板侧的偏光板上涂布导电层进行外部电荷屏蔽,并通过接触金属前框导出电荷,这样就不需要在彩膜基板背面制作 ITO 层了。

第77问　彩膜的 RGB 制作顺序是怎么样的

在本书第 1 辑中我们曾介绍过液晶显示用彩膜的制作过程(如图 1 所示)。对于 TN 模式而言,先形成 BM 图形,再做 R,G,B 图形,然后做 ITO 共通电极图形。

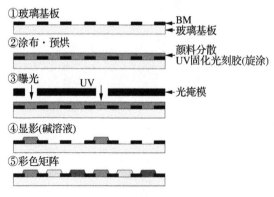

图 1　彩膜的制作过程

那么 R,G,B 的制作顺序是怎么样的呢? 是按 R,G,B 的顺序依次来进行的吗? 目前确实是按此顺序来制作,即先做 R、再做 G、最后做 B。

在早期的时候,可不是这样子的。当时的顺序是先做

R、再做 B、最后做 G。这是为什么呢？由于早期 B 的色阻中的颜料颗粒尺寸精度不像现在控制得这么好，并且颜料分散水平也没有现在这么高，要实现很好的颜料分散、没有团聚非常困难，因此 B 的色纯度不是那么高，所以只有通过加大 B 膜厚度来实现更大的 NTSC（色度域）。可是膜厚加大之后，和 BM 搭接的角段差就比较大，在此处溅射的 ITO 容易发生剥离从而形成不良，而让 B 第二个做可以被显影两次，使得段差降低，减少 ITO 剥离的可能性。

那么 R 和 G 就没有这些问题吗？还真没有！对于 R 和 G 的顺序，理论上是可以互换的，但是工厂在设计的时候就定下 R,B,G 顺序，也就这样保持下来了。

第78问 为什么彩膜常使用负性光刻胶

　　"为什么彩膜常使用负性光刻胶",这是本书第1辑中的一个问题,当时回答如下:含有颜料的高光学密度的光刻胶薄膜除表层的光刻胶外是不能充分曝光的,如果使用正性光刻胶的话,曝光的部分被显影,那么只有表层的光刻胶被显影掉,无法全部除去,因此会有色阻残留发生;而使用负性光刻胶的话,不曝光的部分被显影,曝光的部分保留,由于曝光部分的表层光刻胶被曝光反应了,即使内部的光刻胶没有反应,也会由于受表层曝光的光刻胶的保护,使得显影液无法显影掉内部的光刻胶而得以保留。

　　该问题经热心读者指正,现更正如下:

　　彩膜的制作过程如图1所示,彩膜中的 R,G,B,PS,OC 常使用负性光刻胶,Rib 常使用正性光刻胶。

　　正性光刻胶中大多采用重氮萘醌(DNQ)作为光敏剂,但正性光刻胶中的酚醛树脂与 DNQ 不溶于碱性溶液,当被紫外线照射后,DNQ 转化为溶于碱性溶液(比如羟化四甲铵)

的茚羧酸,因此可以通过光刻胶形成图案。

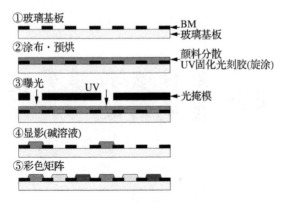

图1 彩膜的制作过程

因为经过紫外线照射,负性光刻胶中的光引发剂分解成自由基,促使单体及聚合体双键打开而发生交联架桥反应形成网络,生成不溶于碱性显影液的膜层结构。而彩膜基板中的光刻胶作为薄膜留在基板上,长期受到光线照射,采用负性光刻胶在光照下性能更能趋于稳定,所以彩膜常使用负性光刻胶。

为什么电容式 In-Cell 触控 FFS 模式的 CF 不能使用背面 ITO 而要使用高阻膜

第 79 问

如图 1 所示,是以触控器件位于液晶面板盒内的不同位置而进行定义的触控模式分类。其中,Out-Cell 称为外挂式,On-Cell 称为外嵌式,In-Cell 称为内嵌式。由于 In-Cell 结构简单,电容感应响应灵敏,且厚度最薄,所以随着技术的进步,目前已成为主流的液晶面板触控技术。

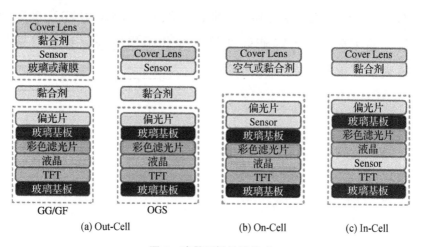

图 1　液晶面板触控模式

而在 FFS 模式下的彩膜侧,如有外来的电荷(比如静电或手指感应电荷)附着在彩膜基板侧,那么它就会与阵列基板的电极间形成附加的垂直电场,从而影响液晶分子的偏转。因此一般会在彩膜基板的外侧做一层背面 ITO,通过导电胶带连接到金属前框或 PCB 基板接地的方式将外部电荷及时导出,避免垂直电场的发生。

但是当将电容式触控做到 In-Cell 液晶盒内时,彩膜基板就不能再使用背面 ITO 了。这是因为背面 ITO 的电阻太低($30\Omega/sq$ 左右),会直接将外部触控感应的电场屏蔽掉,使得触控信号进不到液晶盒内的阵列基板上,也就完成不了触控动作。

那怎么解决呢? 通常有两个办法,一个办法是用高阻抗有机薄膜($10^4 \sim 10^5 \ \Omega$)代替背面 ITO,涂布在彩膜基板的背面;另一个办法是在偏光板的表面涂布一层高阻抗有机薄膜。使用高阻膜可屏蔽外部静电并使手指感应触控信号能进入液晶盒,是一个平衡的结果。

第80问　框胶内的球状支撑物和金球尺寸是如何设计的

如图 1 所示,是液晶盒内框胶(Seal)涂布区的球状支撑物(Ball Spacer)断面示意图。彩膜基板和阵列基板间的框胶内分布有球状支撑物,用来支撑液晶盒的周边部分,其材质是二氧化硅。框胶是通过紫外光照射进行预固化的,所以液晶盒的周边框胶涂布区域分为紫外光不透光区和紫外光透光区。紫外光不透光区分布有进行电气导通的配线,紫外光透光区用来通过紫外光进行框胶预固化。

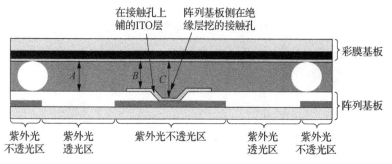

图 1　液晶盒内框胶涂布区的球状支撑物断面示意图

我们设置 A,B,C 为框胶涂布透光区的盒厚,对应的面

积分别为 a,b,c,那么框胶涂布透光区的平均盒厚

$$D=(A\times a+B\times b+C\times c)/(a+b+c)$$

从 CF 侧进行 UV 硬化照射时,Seal 内 Ball Spacer 直径 $E\approx D\times110\%$;从 TFT 侧进行 UV 硬化照射时,Seal 内 Ball Spacer 直径 $E\approx D\times115\%$。这里 110%,115% 为工程经验值(含各层压缩量)。由于彩膜侧多为有机层,阵列侧多为无机层,于有机层的压入量要略多,而于无机层的压入量要略少。

Ball Spacer 的规格是以 $0.25~\mu m$ 为步进(厂家产品规格以 $0.25~\mu m$ 为步进,比如 $4.0~\mu m$,$4.25~\mu m$,$4.5~\mu m$ 等),根据上面的计算结果选择最接近的规格值。

如图 2 所示,是液晶盒内框胶涂布区的金球(Au Ball)断面示意图。彩膜基板和阵列基板间的框胶内分布有金球,用来将阵列基板侧的 Com 信号导通到彩膜基板侧。金球的内部材质是聚二乙烯苯($(C_{10}H_{10})_n$),外部表面材质是 Ni + Au。

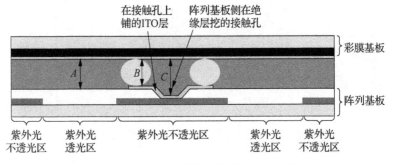

图 2 液晶盒内框胶涂布区的金球断面示意图

Seal 内 Au Ball 直径 F 约为 Seal 内 Ball Spacer 直径 E

的 115%。这里 115% 为工程经验值,含各层压缩量及 Au 变形量。

Au Ball 的规格是以 $0.25~\mu m$ 为步进(厂家产品规格以 $0.25~\mu m$ 为步进,比如 $4.5~\mu m$,$4.75~\mu m$,$5.0~\mu m$ 等),根据上面的计算结果选择最接近的规格值。

虽然有了设计规格值,但在具体实验时还要测量一下盒厚,甚至通过 SEM 确认一下 Spacer 状况为好。

第81问 为什么 COA 和 BOA 技术还是需要在彩膜侧做标记

COA(Color-Filter on Array)是将彩色滤光片与阵列(Array)基板集成在一起的一种集成技术(如图 1 所示),即将彩色光阻涂布于已完成的阵列基板上形成彩色滤光层。因其对位精度高,可以改善传统彩色滤光片开口率低的问题。

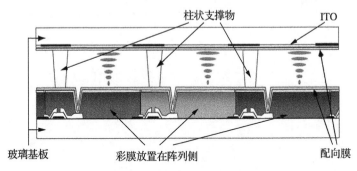

图 1　COA 液晶面板剖面图

BOA(Black Matrix on Array)是将彩色滤光片上的遮光黑色矩阵层也做到阵列基板上,从而形成子像素定义层图形。这样一来,配合在阵列基板上的色层(COA 技术)构成的带颜色的子像素,理论上可以完全忽略原来在液晶成盒时彩膜基板和阵列基板的贴合误差,实现盲贴任意对位,并且不会产生贴合漏光。

可是实际生产过程中真的可以这样吗? 当然不行。因为如果构成液晶盒的彩膜侧基板(上基板)采用了 COA 和 BOA 技术,仅使用带 ITO 层的光玻璃进行盲贴时,还需要有一层用来做图形识别(Mark),而且需要有一定的色深,不然 CCD 读不出来。当然这一层仍然可以使用传统的 BM(黑色)材料来做,而且如果阵列侧已经使用了 BOA,那么该图形识别层可以不是矩阵的形态。

还有个小疑问:PS(Photo Spacer)做在哪一侧呢? 如果用 HTM(Half Tone Mask),即半色调掩模技术来直接形成本/辅助柱子段差的话,上下基板都可以。但如果使用一样高的本/辅助柱子,那么只能做上基板侧了,因为上基板仅有 BM 图形,只是采用 BM 层加 PS 层双层来调出本/辅助柱子合适段差的难度很大,需要使用阵列侧更精细的无机层层叠段差调节技术。如果 PS 在上基板的话就不能盲贴了,需要和下基板的枕垫和坑洞图形对位贴合,不然就形不成本/辅助柱子。

如果上基板不用 BM 材料来做图形识别层,改用 PS 层来做,可不可以? 当然可以,前提是要有一定的色深。但目前非 COA 技术的 PS 材料普遍为淡淡的黄色,做识别不太清晰,需要掺颜色。

总之,COA 技术确实优点很多,特别是在曲面显示上,可以大幅降低贴合漏光,但实际使用上还是有一些限制的,需要慢慢改进克服。

第82问 什么是电致发光器件的EQE

所谓电致发光(Electroluminescent,简写为EL),是通过加在两电极的电压产生电场,被电场激发的电子碰击发光中心,而引致电子与空穴在能级间的跃迁、变化、复合导致发光的一种物理现象。常见的OLED和QLED就属于电致发光器件。此类发光器件主要包括五层结构,即阴极、电子传输层、发光层、空穴传输层和阳极。其中,发光层的材料称为电致发光材料,OLED器件的发光层为有机分子材料,QLED器件的发光层为量子点材料,其它的则是共通的功能层(如图1所示)。

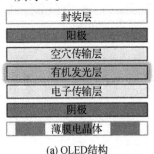

(a) OLED结构

(b) QLED结构

图1 OLED和QLED结构比较示意图

判断电致发光器件好不好，一般来讲我们会关注以下几个关键参数表征，即外量子效率（EQE）、电流-电压-亮度（IUL）参数、发射光谱色度、器件荧光寿命。无论对于显示器还是照明来说，从电能转化为光能的发光效率非常重要，其主要反映了输入功率的利用率。发光效率越高，器件的热损耗越小，能量利用率越高。因此，与其对应的外量子效率参数便是决定器件封装以后光效的重要参数之一，也是真正决定电致发光器件是否能够商业化的重要参数之一。

　　当发光器件通电时，电子和空穴会在发光层结合，产生的能量会激发发光层材料发出荧光或磷光。所谓电致发光器件的 EQE，就是此时单位时间内出射到空间的光子数与单位时间内注入到发光层的电子数之比。而在 EQE 的测量中，核心是分子部分的单位时间内出射到空间的光子数的测量，目前高精度的测量方法主要有光分布法与积分球法两种。

　　之前许多人可能会通过亮度计测量法线方向的亮度，以及通过标准朗伯体分布理论计算得到器件的 EQE 值。但实际中器件的朗伯体分布并非标准的余弦分布，会存在部分分布不均的现象，此时通过理论计算的结果会非常不准确。

　　相对于上面传统的方法，光分布法可以更准确的检测出发光器件的实际亮度分布。实验中，研究者使用光分布测试系统，通过转动电动旋转台，以 1° 的角步长精确描绘出器件的实际朗伯体分布，并且计算出 EQE 实际值（实心点）与理论值(空心点)之间的校准系数,从而更加准确地计算出 EQE。光分布测试系统也使该实验测量过程全程自动化,大大降低了由于调节角度引起的结果不稳定性和操作复杂性。

积分球法是通过积分球配件将器件的整体光通量收集,并通过计算得到器件的 EQE。该方法又有两种测量方案,一种是将器件置于积分球球壁上,仅测量器件的前向通量,称为 2π 法;另一种是将器件置于积分球内部,测量器件的整体通量,称为 4π 法。积分球法简单快捷有效,但是器件本身的基底反射对于积分球的工作会有一定的影响。有人提出对应的补偿方法,即在器件未通电发光时给予一个已知强度的光照并测量,得到测量结果与已知强度的比值(由于器件本身的基底反射,此比值一般小于1),在真正对器件通电测量时,用这个比值对测量结果进行校正,从而得到电致发光器件真正的发光强度,继而计算出准确的 EQE 数值。

第 83 问　什么是 VCD 工艺

　　大家一定都知道 VCD 光盘,但这里我们所说的 VCD 可不是 Video Compact Disc(视频光盘),而是 Vaccum Dry(真空干燥),又称减压干燥工艺。

　　减压干燥,就是把刚刚涂布上光阻的基板进行干燥。干燥的主要原理是通过真空泵将腔体抽成真空,使光阻中的溶剂在常温(低温)下挥发,再用干净干燥空气(Clean Dry Air,简写为 CDA)把腔体中的压力恢复到标准大气压,然后把基板取出。

　　光阻的主要成分包括:(1) 感光剂,5%左右,有一定的感度,是光活性极强的化合物;(2) 光学树脂,20%左右,含黏合剂,有一定的成型作用;(3) 溶剂,75%左右,具有溶解作用,可提高涂布均一性和线幅均一性;(4) 添加剂,少量、PPM 级,如增感剂(提高感度)、黏附增强剂(增强黏附性)等。VCD 就是将涂布后的光阻中的溶剂去除,然后进行后续的预烘、显影、刻蚀、剥离、后烘等工艺。

　　整个 VCD 工艺步骤如图 1 至图 9 所示:

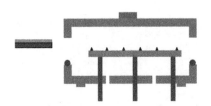

图 1　玻璃基板进入 VCD 腔室前示意图

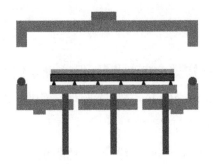

图 2　玻璃基板进入 VCD 腔室后示意图

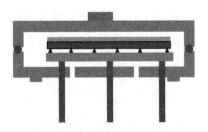

图 3　VCD 腔室关闭示意图

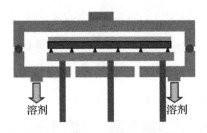

图 4　抽气初始阶段示意图

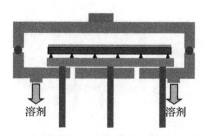

图 5　抽气末尾阶段示意图

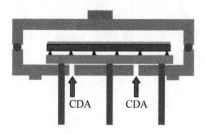

图 6　充气初始阶段示意图

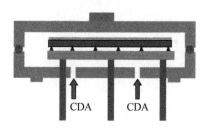

图 7　充气末尾阶段示意图

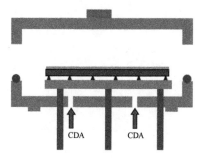

图 8　VCD 腔室打开示意图

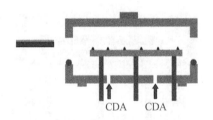

图9　玻璃基板移出 VCD 腔室后示意图

　　需要说明的是,在图4和图5所示的过程中,随着不断地抽气减压,光阻薄膜中的溶剂被挥发和抽走,光阻薄膜变得越来越薄和干燥,流动性变小,黏度增大。

第84问 什么是 CMOS 与 CCD

大家都知道成像器件是摄影机、照相机最关键的部分，而成像器件的作用就是实现光电转换，即将镜头捕捉到的光信号转换成电信号进行处理。目前常见的成像器件有两种，即 CCD 和 CMOS。

CCD 是 Charge Coupled Device 的英文简写，中文叫电子耦合器件（如图 1 所示）。它在 20 世纪 70 年代初期被开发成功，在 80 年代初期就被应用于摄像机上，现已被广泛地应用于摄影机、照相机等设备上。

图 1　CCD 组件

CCD 的结构就像三明治一样（如图 2 所示），第一层是微距镜头,也可以说是微小镜片,这个设计就像是帮 CCD 挂上眼镜一般,大幅提升了 CCD 的感亮度;第二层是分色滤色片,这个部分的作用主要是帮助 CCD 具备色彩辨识的能力;第三层是感光基板,主要负责将穿透滤色片的光源转换成电子讯号,并将讯号传送到影像处理芯片以将影像还原,这个部分也可以说是 CCD 真正核心的部分。

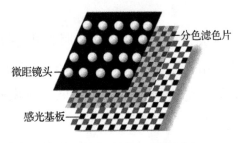

分色滤色片

微距镜头

感光基板

图 2　CCD 的三明治结构示意图

CMOS 是 Complementary Metal-Oxide Semiconductor 的英文简写,中文叫互补性氧化金属半导体(如图 3 所示)。CMOS 和 CCD 一样同为在摄像机中可记录光线变化的半导体,外观上也非常相似,但是 CMOS 的制造技术和 CCD 不同,反而比较接近一般电脑芯片。CMOS 的材质主要是利用硅和锗这两种元素所做成的半导体,因而在 CMOS 上共存着 N 型(NMOS)和 P 型(PMOS)半导体,这两个互补效应所产生的电流即可被处理芯片记录和解读成影像。然而,CMOS 容易出现杂讯,特别是处理快速变化的影像时,由于电流变化过于频繁产生过热现象,更使得杂讯难以抑制。

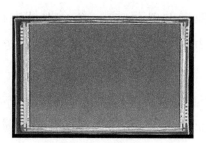

图 3　CMOS 组件

　　CMOS 的结构如图 4 所示。CMOS 是 MOS 中最常见的一种，包括 CPU 在内的很多晶元都是以 CMOS 为基础的，它通过基本 MOS 单位的组合实现了一个否定的逻辑判断能力。MOS 是一种 FET（Field-Effect Transistor，即场效应晶体管），全名叫 MOSFET。场效应晶体管是一种半导体电子元件，可利用电场来控制电流的通断。

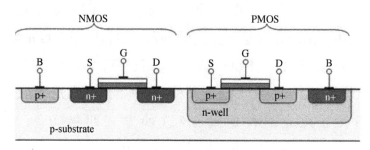

图 4　CMOS 结构示意图

　　除了构造上的区别以外，CCD 与 CMOS 最大的区别就是信息读取方式的不同。如图 5 所示，CCD 是利用在像素上面增加电压，把像素里面的电荷一个一个地逼到和它相邻的像素里面去。其最外侧的那一行最开始是空的，先接受和它

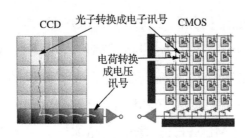

相邻那一行的像素的电荷,再一个个地把电荷传送出去,一个个地转换成电压,然后再经过模拟数字转换形成数字信息。而 CMOS 则与此不同,每个像素都会有一个元件来把电荷先转换为电压,使得 CMOS 的整体读取效率非常高。这种读取方式每次读取一行,该行的每个像素会被汇总到各自所在列进行汇总,最后再统一输出成数字信号。

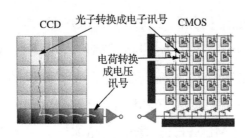

图 5　CCD 与 CMOS 读取信息比较示意图

由图 5 也可以看出 CMOS 的元件比 CCD 的元件多很多,这些多出的元件是不感光的,所以实际上 CMOS 能够感光的面积是小于同体积 CCD 的。不过,这个问题已经被很好地解决了。解决的办法有两种,一种是把不感光的元件全部都放在感光组件的后面,这种方式叫做 Back Side Illumination(BI CMOS);另一种则是在每个像素上再覆盖一个小透镜,把光集中在感光组件上(如图 6 所示)。

因为 CMOS 结构相对简单,并且与现有的大规模集成电路生产的工艺相同,从而生产成本可以降低。从原理上讲,CMOS 的信号是以点为单位的电荷信号,而 CCD 是以行为单位的电流信号,前者更为敏感,速度也更快,更为省电。结合上述这些优点，相信不久的将来，CCD 或许就会被 CMOS 全面取代了。

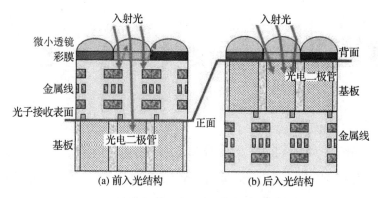

图 6　解决不感光组件方法示意图

第85问 什么是自对准工艺

如图1所示，是一个顶栅型 LTPS-TFT 结构示意图。衬底是无碱显示级光学玻璃，首先在上面生长一层二氧化硅（SiO_2）或双层二氧化硅/氮化硅（SiO_2/SiN_x）结构的缓冲层，以防止玻璃中的金属离子扩散至低温多晶硅有源区，从而降低缺陷态的形成和漏电的产生；然后生长非晶硅层，之后对非晶硅层进行多晶化（如激光晶化）；然后沉积栅极绝缘层和栅极图形；然后对源漏电极的接触区进行重掺杂，并通过离子注入的方式以增强其导电性。由于栅极金属的阻挡，沟道区的多晶硅未被离子注入，仍然保持半导体特性。

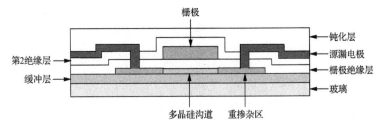

图 1　顶栅型 LTPS-TFT 结构示意图

这里沟道的最后形成是通过栅极层图形来定义的，和栅极图形在垂直面一一对应，而非通过外部的 Mask 来图形化。

也就是说通过 TFT 结构层图形自己对准自己形成的，而这也就称为自对准工艺。

对于 LTPS 注入工程，自对准工艺的好处就是不需要增加一张专门的 Mask，减少了由于不同 Mask 图形化带来的层偏差问题，实现沟道和栅极的精确对位，提高了 TFT 器件性能，同时也降低了生产成本。

下面补充一下掺杂的知识。通过加入适量的某种杂质离子，使半导体材料的电学特性发生变化，这种技术称为掺杂。通常有两种掺杂方法，即扩散与注入。扩散的方式是在高温（约 1000 ℃）气体氛围中，许多晶体原子随机进入或移出属于它们的晶格格点，而这种随机运动可以产生空位，这样杂质离子就可以从一个空位跳到另一个空位从而在晶格中发生移动。当杂质离子从近表面的高浓度区域运动到晶体内部的低浓度区域，温度降下来之后，杂质离子就被永久的冻结在替位晶格格点处。注入的方式是将杂质离子束加速到 50keV 或更高的动能后，通过半导体表面进入晶体，并停留在离开表面的某个平均深度位置上。注入的优点是可控制适量杂质离子注入到晶体的指定区域，缺点是入射的杂质离子由于其较高的动能，会与晶体原子发生碰撞，从而引起晶体位移损伤（后续可以通过热退火来修复）。

第86问 蓝相液晶的双扭曲结构具体是指什么

蓝相液晶是快速响应液晶的优秀代表,具有亚毫秒的响应时间、不需要配向层、暗场时光学上是各向同性的、盒厚不敏感等特点,极具发展潜力。

那么它的空间结构是怎么样的呢? 如图 1 所示,通常向列相液晶分子是朝着一个方向排列的,胆甾相若干层向列相

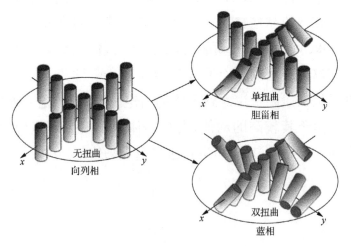

图1 向列相、胆甾相、蓝相液晶的分子在同层内的排列示意图

分子沿着螺旋轴 x 做周期性旋转,而蓝相沿着螺旋轴 x 和轴 y 分别做周期性旋转,因此是双扭曲结构。

　　那么蓝相液晶的双扭曲结构具体是指什么? 如图 2 所示,是胆甾相、蓝相液晶的分子在各个同层内的排列示意图。蓝相液晶的同层液晶分子除了沿着螺旋轴 x 做周期性的旋转外,还沿着螺旋轴 y 做周期性的旋转 $90°$左右,并且每一个单独的层都是如此。

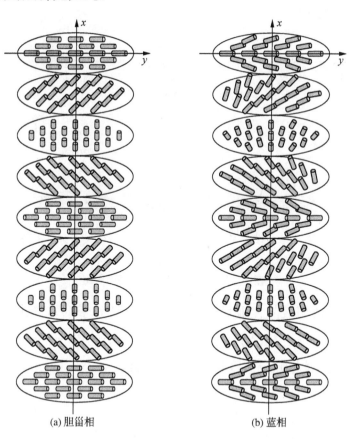

(a) 胆甾相　　　　　　　　(b) 蓝相

图 2　胆甾相、蓝相液晶的分子在各个同层内的排列示意图

蓝相液晶具有三维周期性螺旋结构,各层的螺旋轴方向不固定,因此液晶相整体为各向同性相,夹在正交偏光片之间,表现出黑态。在偏光片光轴对角线方向加电场,可以使液晶分子在这个方向上有优先取向,从而在此方向上表现出液晶的光轴来,也就是在此方向上形成光学双折射现象(如图3所示)。

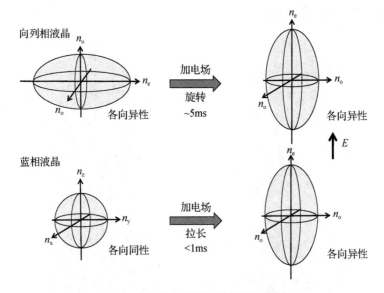

图3　克尔效应诱导双折射的示意图

向列相液晶在电场下的光电效应是分子的转向所致,蓝相液晶则是蓝相晶胞的微小形变或分子的电子云形状的改变所致,因此响应速度达到了亚毫秒级。

第 87 问　什么是 PWM 调光

调光方式一般来说有两种,一种是较伤眼的 PWM 方式,另一种是较先进的 DC 调光方式。DC 调光是直接利用电流的大小来改变如 LED 灯的亮度强弱,因此不会有所谓伤害人眼的频闪问题;PWM 是 Pulse Width Modulation 的简写,中文叫脉冲宽度调变,是利用时间(也就是频率)限制来降低平均亮度。

PWM 方式被普遍认为是比较省成本,而且设计方便的技术。除了照明之外,现代的许多节能家电也是使用此方式以达到省电的目的,如变频冷气等。

如图 1 所示,左边可以看到 0 V 和 5 V 电压,其中 5 V 代表是灯亮了,0 V 代表灯暗了。第一条线完全没通电,一直处于暗状态,代表着真正的 0% 亮度;第二条线可以看到 1/4 的时间是亮的状态,所以是 25% 亮度;依此类推,第三条、第四条和第五条分别是 50%,75% 和 100% 的亮度表现。这就是 PWM 调光方案去调节亮度的原理,亮态的总时间占比代表亮度的多寡。

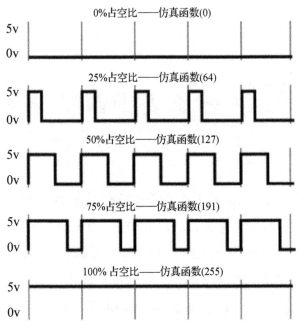

图 1　PWM 方式说明示意图

　　此外，PWM 又分成高频和低频两类。低频的 PWM 一般就像影片所要求的 250 Hz 的闪烁频率，而高频的 PWM 则要在 1000 Hz 以上。PWM 闪烁的频率越低，人体能感受到的程度越大，也就越容易伤害人眼；而超高频的 PWM 就连机器也难以侦测得到，更不用说人眼了。一些使用 PWM 方案的屏幕在接近 100% 亮度下没有闪烁问题（类似 DC 调光），但是当亮度低到一个程度时（通常为 50% 以下）就会转换成低频 PWM 模式（譬如像 240 Hz 的低频 PWM 模式），人眼在这种闪烁状态下观看屏幕就容易疲累。

　　根据 IEEE PAR 1789 所提供的波动深度计算法，当前

AM-OLED 的 PWM 调光脉冲为全开全关式,其波动深度为 100%。在该种波动深度下基本无影响的频闪频率应该在 3125 Hz 以上(我国护眼灯的频闪频率也是要求高于这个值,但未规定波动深度),低风险范围也应在 1 kHz 以上。但现在的 AM-OLED 的频闪频率仅仅只有 240~250 Hz。

在这种远低于健康允许值的频闪频率下,频闪还有个参数可以影响对人的伤害,即是频闪指数(用以评估占空比的指数)。对于全亮时占空比为 1 的 AM-OLED 来说,频闪指数可用下面公式计算:

频闪指数 =(最大亮度 − 当前亮度)/最大亮度

对于 240 Hz 频闪频率的光源来说,这个频闪指数的健康建议值是 0.24。按上述公式计算可以知道,如果 AM-OLED 屏幕的最大亮度为 500 cd/m² 时,单单从频闪频率方面来说使用亮度不宜低于 380 cd/m²,而一般白天室内屏幕亮度的建议值是 150~200 cd/m²,夜晚则更低。也就是说,任何时候在室内使用 AM-OLED 屏,要不冒着高亮度伤眼的风险,要么冒着低频闪频率伤眼的风险。

综上所述,当前的 AM-OLED 在频闪伤眼方面把低频率、高波动深度、高频闪指数都占全了。当然,并不是说使用 LCD 屏幕就规避了频闪风险,虽然一般来说当前 LCD 屏幕的 PWM 频率都设置在 1 kHz 以上,但是也有许多厂商采用伤眼的 PWM 方式,尤其是价格便宜的低配版本。

那该如何分辨所购买的屏幕是 PWM 方式还是 DC 方式

呢？通常是查询屏幕的规格或媒体评测报告。如表1中所示，在0%～100%亮度下"闪烁可能"都是 No，表示此屏幕基本上是使用 DC 调光技术。

表1　屏幕规格标示说明

脉冲宽度调变使用		No
循环工作频率		240Hz
闪烁可能	100%亮度	No
	50%亮度	No
	0%亮度	No

当然，目前为止并无医学报告指出频闪对人眼的危害。不过健康是无价的，更何况被称为"灵魂之窗"的眼睛，还是需要好好保护的。

第88问　什么是铁电液晶

　　众所周知，物质的三种形态分别是固态、液态和气态。而液晶却是一种兼具有固态（结晶）规则性和液态流动性的物质，既具有类似固态晶体的力学、电学、磁学性质，同时又具有类似普通液体的流动性质，而且还能表现出不同于晶体和液体的特殊光电特性，因此在各种领域广泛应用。

　　向列相液晶是主流液晶显示器件所普遍使用的液晶材料，然而向列相液晶器件的响应速度慢，即使采用最快速的OCB(Optically Compensated Birefringence，即光学补偿双折射）模式、使用响应速度最快的常用液晶材料，其响应时间也仅在毫秒量级。为了克服前述问题，可以用铁电液晶替换TN模式液晶。铁电液晶的响应速度通常为亚毫秒级，而且视角很宽，一直被认为是极有发展潜力的液晶显示器件材料。

　　1922年，法国人Friedel把液晶分为向列相、近晶相和胆甾相。其中，近晶相可细分为流体近晶相[近晶A相(SmA)与近晶C相(SmC)]、螺旋近晶相(SmB, SmI, SmF)和软晶相

（B，J，G，E，K，H），可能具有铁电性的液晶相有 SmC*，SmI*，SmF*，G*，H*，K*（＊是添加手性剂使其具有螺旋结构）。而真正能实用于铁电液晶显示的液晶，必须具有较大的自发极化、宽的温度范围、长螺距、高稳定性、合适的 Δn 和 $\Delta \varepsilon$ 以及较低的黏度等。

将向列相液晶降温，除了分子长轴统一取向以外，使一维位置有序，分子质量中心在层面内各向异性取向，分子与近晶层分界线没有关联或者相交，这就是 SmA 和 SmC 的层状结构。如图 1 所示，SmA 的指向矢和光轴都垂直于近晶层面，SmC 与 SmA 的不同之处在于指向矢相对于近晶面有一定的平均倾斜角 θ（与温度、压强和组织结构有关）。商业上的 SmC* 混合物，在室温条件下一般 $\theta \approx 22.5°$，而 $\theta > 45°$ 的情况还没有观察到。

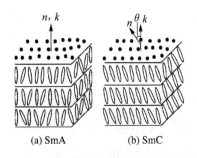

图 1　近晶 A 相与近晶 C 相液晶分子排列示意图

SmC* 液晶分子在液晶层内的可能取向呈一圆锥形轨迹，分子将围绕指向矢沿 θ 角旋转排列，自发极化矢量 P_s 垂直于指向矢。这种螺旋排列沿层推移，从宏观上讲没有自发极化产生,且旋转 360°称为一个螺距(如图 2 所示)。

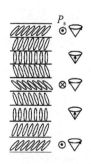

图 2   SmC* 液晶分子排列示意图

FLC/AFLC(Ferroelectric Liquid Crystal/Antiferroelectric Liquid Crystal)显示技术是指利用某些液晶具有的铁电或反铁电特性来进行显示的技术。从 1975 年 Meyer 发现了手性近晶 C 相液晶的铁电性到 1980 年 Clark 和 Lagerwall 研制成功具有双稳态的铁电装置,铁电型液晶一度引起巨大关注,成为液晶显示研究的重点。

一般来说铁电液晶化合物的分子具有两个共同的特点:一是存在一个极性因素,以产生极化作用;二是存在一个手性中心,其产生的空间作用使得近晶层内倾斜排列的分子逐层相对扭曲,具有一个螺旋结构,且分子的取向分布在一个圆锥面上。

在常规液晶盒中,一般盒厚 d 比螺距 p 大。在厚盒中,因铁电液晶具有螺旋结构,当 $d < p$ 时,边界对液晶分子的锚定作用力将抑制铁电液晶的螺旋运动。

将 SmC* 液晶放入厚度小于超螺旋结构螺距的液晶盒中,借助表面作用导致螺旋消失,并在液晶盒的上下配置偏光板,这样就形成了表面稳定铁电液晶(Surface Stabilized Ferroelectric Liquid Crystal,简写为 SSFLC)盒,而这种液晶层面垂直于平面的结构被称为书架结构(如图 3 所示)。

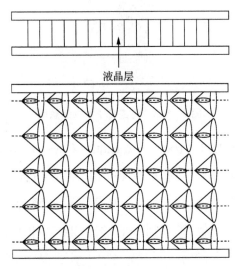

液晶层

图 3　SmC* 液晶书架结构的示意图

铁电液晶盒为层状结构,其中每一个铁电液晶材料层具有相同的电磁特性。在没有外加电场的情况下,铁电液晶的分子向一原始排列方向自发极化;当外部的电场施加到铁电液晶上时,铁电液晶的分子因外加电场的作用而快速旋转(如图 4 所示)。

在铁电液晶中存在自发极化,因而它能与外电场耦合,从而获得高速双稳态开关;但另一方面,它又会收集离子,并使周围绝缘体极化。所以人们希望在液晶中不存在自发极化,但一旦需要时自发极化能出现。

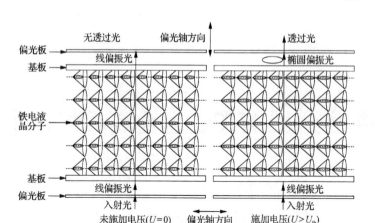

图4 SmC* 液晶书架结构铁电液晶盒工作原理图

反铁电手性近晶相分子层状排列,每一近晶层中分子长轴倾斜于近晶层法线方向,且呈相同的角度;而相邻层分子长轴倾斜角度相同,方向相反。自发极化矢量在相邻层内呈相反方向,因而相互抵消,净值为零。

反铁电液晶具有两种结构。在厚盒中存在螺旋结构,具有成对的倾斜方向相反的分子,这使得分子的电偶极距方向相反,总体上不显示自发极化;在薄盒中由于边界的作用,螺旋结构消失,但相邻分子的倾斜方向依然相反,这使得电偶极距方向也相反,所以总体上仍不显示自发极化。这个状态通常被称之为第三态,也就是反铁电态,由此而产生的三稳态转换具有较好的稳定性。

第89问 NTSC 色度域如何计算

    NTSC 是 National Television Standards Committee（美国国家电视系统委员会）的简写，1952 年该组织制定了彩色电视广播标准（也就是我们常说的 NTSC 电视信号制式）。除了对彩色电视的各种规范做出规定之外，这个标准还规定了显示设备需要达到什么样的饱和度、如何显示各种颜色等等，这就是 NTSC 色彩空间（如图 1 所示）。

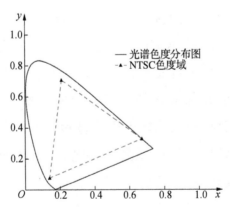

图 1　xy 色度坐标系下的 NTSC 色彩范围示意图

    彩色三要素指的是彩色光的亮度、色调、饱和度。亮度是指彩色光的明暗程度,即光线的强弱;色调表示彩色的种类,例如红、橙、黄等,其由光的波长决定;饱和度是指彩色光所呈现彩色的深浅程度。色调和饱和度合称为色度,它既说明了彩色光的颜色类别,又说明了颜色的深浅程度。

NTSC 色度域通常定义为 xy 色度图上 RGB 各色的色度坐标形成的三角形的面积与 NTSC 要求的 RGB 的色度坐标形成的三角形面积的比值,用%表示(如图 2 和表 1 所示)。

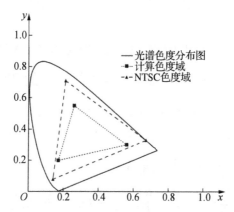

图 2　xy 色度坐标系下的计算 NTSC 色彩范围示意图

表 1　xy 色度坐标系下的 NTSC 计算表

NTSC 色度	x	y	计算色度	x	y
红色坐标	0.6700	0.3300	红色坐标	0.5600	0.3000
绿色坐标	0.2100	0.7100	绿色坐标	0.2600	0.5500
蓝色坐标	0.1400	0.0800	蓝色坐标	0.1700	0.2000
NTSC 面积	0.1582		计算色度域面积	0.0638	
NTSC 面积比			40.32%		

第90问 **如何计算 TFT 器件中的沟道电子迁移率**

根据半导体器件物理方面的相关知识,可以建立 MIS[金属(M)－绝缘体(I)－半导体(S)]构造的 TFT 器件的电流、外加电压和器件参数之间的关系。

当 $U_{gs} > U_{th}$，$U_{ds} < U_{gs} - U_{th}$ 时，TFT 工作在非饱和区，相应的非饱和区电流公式如下:

$$I_{ds} = \mu \cdot C_{ox} \cdot \frac{w}{l} \left(U_{gs} - U_{th} - \frac{1}{2} U_{ds} \right) U_{ds}$$

当 $U_{ds} > U_{gs} - U_{th}$，$U_{gs} > U_{th}$ 时，TFT 工作在饱和区，相应的饱和区电流公式如下:

$$I_{ds} = \frac{1}{2} \mu \cdot C_{ox} \cdot \frac{w}{l} (U_{gs} - U_{th})^2$$

式中，μ 是电子迁移率，C_{ox} 是 TFT 器件 MIS 结构的单位面积电容，w/l 是 TFT 器件沟道宽和沟道长的比值。

由于 TFT-LCD 的器件工作在非饱和区(线性区)，那么它的电子迁移率计算公式为

$$\mu = \frac{I_{\mathrm{ds}}}{C_{\mathrm{ox}} \cdot \dfrac{w}{l}\left(U_{\mathrm{gs}} - U_{\mathrm{th}} - \dfrac{1}{2}U_{\mathrm{ds}}\right)U_{\mathrm{ds}}}$$

下面举个实例,是关于非晶硅和 IGZO 的 TFT 器件电子迁移率计算的(如表1所示)。

表1　非晶硅和 IGZO 的 TFT 器件的电子迁移率计算表

项目	单位	非晶硅	IGZO
		G-SiO$_2$	G-SiN$_x$
真空介电常数	F/m	8.86×10^{-12}	8.86×10^{-12}
相对介电常数	–	4.2	6.9
膜厚	μm	0.3	0.41
单位面积电容	fF/μm^2	1.24×10^{-1}	1.49×10^{-1}
栅电压(U_{gs})	V	35	35
源漏电压(U_{ds})	V	15	15
阈值电压(U_{th})	V	1.281	1.031
源漏电流(I_{ds})	A	0.00011192	0.00006608
TFT 宽长比	–	2	14.44
电子迁移率	cm^2/(V·s)	11.47	0.77

可以看出,非晶硅的电子迁移率较 IGZO 大了一个数量级。关于 LTPS-TFT 器件电子迁移率的计算同理可得。

第91问 α-Si，IGZO 和 LTPS TFT 器件的 *IU* 曲线 是什么形状

从事 TFT 器件开发的同事经常会被问：α-Si，IGZO 以及 LTPS 到底哪一个好？对于刚入职的新人，他们还会询问：这个好有什么具体的数据来说明吗？

对于 TFT 器件来说，*IU* 曲线是它的特性的一个重要体现。α-Si，IGZO 和 LTPS 的 *IU* 曲线如图 1 所示，具体的数据如表 1 所示。

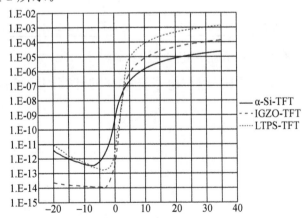

图 1　α-Si，IGZO 和 LTPS 的 *IU* 曲线对比示意图

表 1　α-Si,IGZO 和 LTPS 的 IU 曲线数据表

	α-Si-TFT	IGZO-TFT	LTPS-TFT		α-Si-TFT	IGZO-TFT	LTPS-TFT
U_{Gate}	I_{Drain}	I_{Drain}	I_{Drain}	U_{Gate}	I_{Drain}	I_{Drain}	I_{Drain}
-20	4.00E$-$12	2.37E$-$14	9.10E$-$12	2	1.52E$-$08	1.45E$-$09	1.15E$-$09
-19	2.64E$-$12	2.10E$-$14	6.74E$-$12	3	4.89E$-$08	4.85E$-$08	6.85E$-$08
-18	2.07E$-$12	1.96E$-$14	4.57E$-$12	4	1.11E$-$07	2.71E$-$07	2.71E$-$06
-17	1.52E$-$12	1.83E$-$14	3.39E$-$12	5	2.11E$-$07	7.63E$-$07	7.63E$-$06
-16	1.22E$-$12	1.71E$-$14	2.22E$-$12	6	3.58E$-$07	1.55E$-$06	1.55E$-$05
-15	9.89E$-$13	1.63E$-$14	1.59E$-$12	7	5.56E$-$07	2.68E$-$06	2.68E$-$05
-14	8.27E$-$13	1.57E$-$14	1.29E$-$12	8	8.10E$-$07	4.14E$-$06	4.14E$-$05
-13	6.60E$-$13	1.49E$-$14	1.04E$-$12	9	1.12E$-$06	5.96E$-$06	5.96E$-$05
-12	5.97E$-$13	1.43E$-$14	8.67E$-$13	10	1.49E$-$06	8.12E$-$06	8.12E$-$05
-11	4.84E$-$13	1.37E$-$14	6.74E$-$13	11	1.91E$-$06	1.06E$-$05	1.06E$-$04
-10	4.14E$-$13	1.33E$-$14	5.14E$-$13	12	2.40E$-$06	1.35E$-$05	1.35E$-$04
-9	3.68E$-$13	1.29E$-$14	4.68E$-$13	13	2.94E$-$06	1.67E$-$05	1.67E$-$04
-8	3.50E$-$13	1.23E$-$14	3.00E$-$13	14	3.53E$-$06	2.02E$-$05	2.02E$-$04
-7	3.41E$-$13	1.20E$-$14	2.61E$-$13	15	4.17E$-$06	2.40E$-$05	2.40E$-$04
-6	4.27E$-$13	1.18E$-$14	2.27E$-$13	16	4.86E$-$06	2.80E$-$05	2.80E$-$04
-5	6.20E$-$13	1.15E$-$14	1.92E$-$13	17	5.60E$-$06	3.23E$-$05	3.23E$-$04
-4	1.14E$-$12	1.13E$-$14	1.69E$-$13	18	6.38E$-$06	3.68E$-$05	3.68E$-$04
-3	2.77E$-$12	1.13E$-$14	1.78E$-$13	19	7.19E$-$06	4.15E$-$05	4.15E$-$04
-2	8.71E$-$12	2.07E$-$14	2.21E$-$13	20	8.03E$-$06	4.63E$-$05	4.63E$-$04
-1	4.33E$-$11	7.26E$-$14	4.33E$-$13	21	8.90E$-$06	5.12E$-$05	5.12E$-$04
0	4.02E$-$10	3.63E$-$13	2.24E$-$12	22	9.80E$-$06	5.63E$-$05	5.63E$-$04
1	3.71E$-$09	1.22E$-$11	8.49E$-$11	23	1.07E$-$05	6.15E$-$05	6.15E$-$04

	α-Si-TFT	IGZO-TFT	LTPS-TFT		α-Si-TFT	IGZO-TFT	LTPS-TFT
U_{Gate}	I_{Drain}	I_{Drain}	I_{Drain}	U_{Gate}	I_{Drain}	I_{Drain}	I_{Drain}
24	1.17E−05	6.69E−05	6.69E−04	30	1.76E−05	1.02E−04	1.02E−03
25	1.26E−05	7.25E−05	7.25E−04	31	1.86E−05	1.08E−04	1.08E−03
26	1.36E−05	7.80E−05	7.80E−04	32	1.97E−05	1.14E−04	1.14E−03
27	1.46E−05	8.37E−05	8.37E−04	33	2.07E−05	1.20E−04	1.20E−03
28	1.56E−05	8.98E−05	8.98E−04	34	2.18E−05	1.27E−04	1.27E−03
29	1.66E−05	9.57E−05	9.57E−04	35	2.28E−05	1.33E−04	1.33E−03

从图 1 可以看出,LTPS-TFT 的开态电流最大,IGZO-TFT 次之,α-Si-TFT 最小;关态电流是 IGZO-TFT 最小,LTPS-TFT 和 α-Si-TFT 差不多,而且 LTPS-TFT 和 α-Si-TFT 都有一定的翘尾,不是太好。

第92问 什么是场序式液晶显示器

场序式液晶显示器,英文全写为 Field Sequential Liquid Crystal Display(FS-LCD),也称为称色序式液晶显示器(Color Sequential LCD,简写为 CS-LCD)。场序式液晶显示技术不仅能突破传统液晶显示技术的发展瓶颈,进而提升系统色域及饱和度、降低材料成本等,甚至更能大幅提高显示面板的电光转换效能,对于广色域、高分辨率和低耗电的新一代平面显示技术要求而言,可说是相当具有竞争力的一项技术。

传统的空间彩色滤光片技术与场序式液晶显示技术之间的差异,可由图1简单说明。在液晶模组部分,传统的 CF 液晶显示技术,其单一像素是由三个子像素所构成,每个子像素各由一颗 TFT 控制着该子像素的电场强度,用以决定通过该子像素的光强度(如图1(a)所示);通过各子像素之光能量再经由各子像素所对应之颜色的滤光片调变,从而得到各子像素所需之各颜色光强度,最后再依靠视觉系统的作用将各子像素之颜色混合成该像素所欲表现之色彩。传统的 CF

液晶显示技术必须使用白色背光源,如 CCFL 或是白光 LED 光源等。

相对的,FS-LCD 技术在液晶模组的组成组件中移除了彩色滤光片,因此各像素不需再分割出子像素(如图 1(b)所示)。其色彩之形成是依靠 RGB-LED 背光模组中的三原色 R,G,B 光源依时序切换,搭配在各色光源显示时间内同步控制液晶像素穿透率,再由视觉系统对光刺激的积分作用而得。因 LED 一般均具有窄的半高宽频谱特性,可呈现出高色彩饱和度之颜色,有效地扩大系统色域,所以通常 FS-LCD 技术在高色彩饱和度的特性表现上比 CF 液晶显示技术要佳。

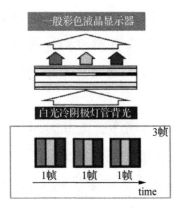
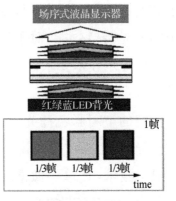

(a) 空间彩色滤光片技术 　　(b) 场序式液晶显示技术

图 1　空间彩色滤光片技术与场序式液晶显示技术差异比较

相较于传统的 CF-LCD,没有彩色滤光片的 FS-LCD 具有多项优点:因为不需要使用彩色滤光片,在 Cell 上板制程中省去了 CF 涂布、显影等制程,仅需制作 BM,减少了 Cycle

Time 及不良率;除了节省原料成本之外,由于 Array 基板不需要 RGB Sub-Pixel 设计,也减少了单一像素中所需之 TFT 数目,相对地提高了 Array 生产良率,简化了控制电路之复杂度,同时也增加了像素开口率,提升了面板像素的空间分辨率。如图 1(b)所示,FS-LCD 在显示效能上的最大增益便在于大幅提升光利用率并降低耗电性,理论上可提升至传统 CF-LCD 的三倍以上,因为平均有三分之二以上的光能量被 CF 所吸收。

其实,场序式显示技术已存在多时,但过去多半使用于 DLP(Digital Light Processing)投影机,因为 DLP 的微镜片反应速度够快,所以使用场序法来做彩色显示并不会有太大的问题。然而,若要将场序式技术应用至 LCD,仍有许多瓶颈必须克服,最大的挑战在于液晶材料的应答速度,因为这涉及场序式显示技术在系统操作上的同步化,同时更与场序式技术潜在之色分离(Color Break-Up)效应密切相关;而另一大挑战则是 RGB-LED 背光模组的设计。

传统采用彩色滤光片的显示方法,一个全彩画面可以通过具有 R,G,B 子像素的彩色滤光片来表示颜色。但在场序式的显示技术中,由于没有彩色滤光片上的 R,G,B 子像素,所以必须利用人眼视觉暂留的原理,将一个全彩画面分成三个 R,G,B 原色画面依序显示,然后在人的大脑中再重新组色。因此在画面系统更新频率的系统设计要求上,FS-LCD 至少要有一般液晶显示器的三倍更新频率,也就是 180Hz 以上,相对于液晶应答时间的要求则是一般 16ms 的三分之一,也就是 5ms 左右。

场序式显示技术的光源设计是在特定的时间由不同的 LED 分别发出 R,G,B 光源进行混色,不像传统的背光方式是以白光通过 CF 后改变颜色。其切换速度超过人眼的感知频率(60Hz),所以人的大脑会因为视觉暂留的效应把画面效果叠加在一起,从而感受到全彩画面,也即利用人眼的视觉空间分解能力之界限而达到加法混色的效果。因此在背光模组的光源构成组合中,可以使用多种不同颜色光源,再针对各种颜色进行独立的亮度调整从而得到亮度均匀的画面。

第 93 问　为什么 UV²A 的对比度那么高

　　研究过液晶各种模式的同行肯定知道,虽然 OLED 的对比度很高,黑态直接是关闭像素显示,但是液晶的可视对比度也不是那么差,基本能够满足各种需求。其中又以 UV²A 模式的静态对比度最高,可达 5000：1 以上,实测平均值通常在 7000 左右,远超其它液晶模式,如 TN 的 1000：1,IPS 的 1000：1,VA 的 3000：1,FFS 的 1300：1。这是为什么呢?

　　首先我们来看一下液晶对比度的计算公式:

　　　　液晶对比度 = 255 灰阶亮度/0 灰阶亮度

其中,255 灰阶亮度是由面板的亮度决定的,即面板透过率乘以背光亮度,调节范围有限。因此对比度的高低主要靠 0 灰阶暗态来实现,谁的暗态处理得好,对比度自然就能高。

　　我们来看一下各种液晶模式下的盒结构(如图 1 所示)。除了 UV²A 模式,其它模式的上下基板的平面上都有起伏(突起或 Slit 狭缝),不是那么的平坦。在 UV²A 模式下,液晶分子可以几乎垂直且非常一致地站立在平面上,因此在黑态时几乎就不会产生任何漏光。

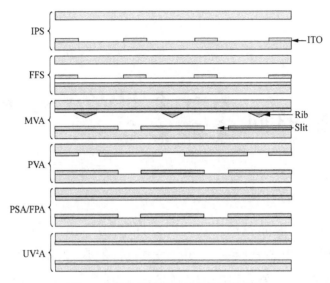

图1　各种液晶模式下的盒结构示意图

下面简单介绍一下这几种液晶模式。

（1）IPS(In-Plane Switching,即面内开关)显示技术是指在平行电极间施加电压,液晶分子在平面内旋转产生双折射,控制光透过的显示模式。IPS 显示模式最早是由美国人 R. Soref 在 1974 年提出,后来由德国人 G. Baur 提出应用到 TFT-LCD 中。1995 年日本日立公司开发出了世界上首款 IPS 模式的 TFT-LCD 产品。之后,通过优化平行电极结构陆续出现了 Super TFT, Super-IPS, Advanced Super-IPS, IPS-Provectus 等结构,大大提高了透过率和对比度。IPS 显示模式以其优异的视野角特性、动态清晰度、色彩还原效果,成为各个尺寸高端显示产品的常见模式。

（2）FFS(Fringe Field Switching,即边缘场开关)显示技

术是指通过 TFT 基板上的顶层条状像素电极(或 COM 电极)和底层面状 COM 电极(或像素电极)之间产生的边缘电场,使电极之间及电极正上方的液晶分子都能在平行于玻璃基板的平面上发生转动的显示模式,本质上属于平面开关型显示模式。FFS 显示模式由 Hydis 公司在 1998 年提出,2004 年改进为 AFFS 结构。FFS 技术通过产生边缘场的特殊结构,在继承了 IPS 技术的宽视野角的同时,获得了更高的透过率。

(3) VA(Vertical Alignment,即垂直取向)显示技术是指在垂直电极间施加电压,液晶分子在垂直面内旋转产生双折射,控制光透过的显示模式。早期开发的 TFT-LCD 产品基本采用 TN 显示模式,其最大的问题是视角不够大。随着产品尺寸不断变大,具有广视角特点的 VA 显示模式、IPS 显示模式和 FFS 显示模式被开发出来并加以应用。1997 年日本富士通公司提出了 MVA(Multi-Domain Vertical Alignment,即多畴垂直取向)显示模式,之后又陆续出现了其它的 VA 模式,如 CPA(Continuous Pinwheel Alignment,即连续火焰状取向)、PVA(Patterned Vertical Alignment,即图形化垂直取向)、PSVA(Polymer Stabilized Vertical Alignment,即聚合物稳定垂直取向)、FPA(Field-Induced Photo-Reactive Alignment,即电场感应光反应配向),以及 UV²A(Ultra Violet Vertical Alignment,即紫外光垂直取向)等,它们的区别是实现液晶分子在垂直面内旋转的液晶盒的结构或制造工艺不同。VA 显示模式以其宽视野角、高对比度和不需要摩擦工艺等优点,成为大尺寸液晶显示产品的常见显示模式。

如图 2 所示,是 PSA,FPA 和 UV^2A 三种 VA 技术的光配向过程示意图。

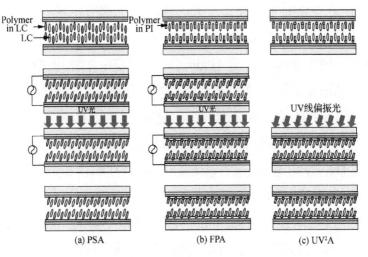

图 2　各种 VA 技术的光配向过程示意图

如表 1 所示,是各种模式的优缺点对比。

表 1　各种模式的优缺点对比

项目	IPS/FFS	MVA/PVA	PSA	FPA	UV^2A
亮度	○	○	◎	◎	◎
对比度	△	○	◎	◎	◎
视野角	◎	○	○	○	○
响应时间	◎	△	○	○	○
生产效率	○	◎	○	?	○

注:表中,◎表示优,○表示良好,△表示一般,而? 表示 FPA 的生产效率目前还不清楚。

第94问　什么是 Lift-Off 工艺

所谓 Lift-Off 工艺,即揭开-剥离工艺,是一种集成电路工艺,可以用来省略刻蚀步骤。

我们先来看一下普通的光刻工艺(如图1所示):首先进行成膜,然后将涂布在基板上的光刻胶进行图形化曝光,显影除去曝光的光刻胶,接着进行刻蚀,最后将剩余光刻胶剥离,留在基板上的就是需要的成膜图形。

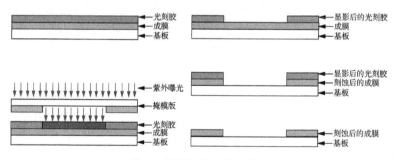

图1　普通光刻工艺示意图

然后看一下 Lift-Off 工艺(如图2所示):首先将涂布在基板上的光刻胶进行图形化曝光,显影除去曝光的光刻胶,然后进行成膜,最后将剩余光刻胶和上面的成膜一起剥离,剩余在基板上的就是需要的成膜图形。

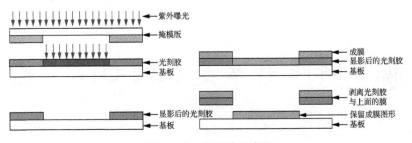

图 2　Lift-Off 工艺示意图

Lift-Off 工艺在理论上可以省掉刻蚀步骤,降低成本,但在显示中却并没有被使用。这是因为半导体膜厚很低(纳米级),图形也很小(纳米级),可以通过剥离来揭掉,而显示的膜厚很高(亚微米级)、图形很大(微米级),会有残留。

第95问　主动式发光器件如何计算 xy 色度坐标

这一问我们简单介绍一下当量测到发射光谱（频谱）后，如何计算出色度坐标。

对于主动式发光器件来说，因为可以直接量测发射谱，且计算时无需考虑彩膜、液晶盒等透过谱，因此计算是比较简单的。具体计算步骤如下所示：

第一步：如果已知某彩色光具有功率波谱 $\Phi(\lambda)$，则该彩色光的 3 个色系数分别为

$$X = \int_{380}^{780} \bar{x}(\lambda)\Phi(\lambda)\,\mathrm{d}\lambda$$

$$Y = \int_{380}^{780} \bar{y}(\lambda)\Phi(\lambda)\,\mathrm{d}\lambda$$

$$Z = \int_{380}^{780} \bar{z}(\lambda)\Phi(\lambda)\,\mathrm{d}\lambda$$

式中，$\bar{x}(\lambda)$，$\bar{y}(\lambda)$，$\bar{z}(\lambda)$ 为分布色系数（xyz 坐标系的三刺激值，也就是引起人体视网膜对某种颜色感觉的三种原色的刺激程度之量的表示）。

325

第二步：由于色度值仅与波长（色调）和纯度（色饱和度）有关，而与总的辐射能量（亮度）无关，因此在计算颜色的色度时，把 X，Y，Z 值相对于总的辐射能量（$X + Y + Z$）进行规格化，并且只考虑它们的相对比例，即

$$x = \frac{X}{X + Y + Z}, \quad y = \frac{Y}{X + Y + Z}, \quad z = \frac{Z}{X + Y + Z}$$

式中，x，y，z 称为三基色相对系数。于是配色方程可以规一化为

$$x + y + z = 1$$

由于 z 可以从上面公式中导出，因此通常不考虑 z，而仅用两个系数 x，y 来表示颜色。绘制以 x，y 为坐标的二维坐标图，也就是色度坐标图。

第96问 压电喷墨的四种模式分别是什么

喷墨打印是一种低价、可靠、快速、方便的图形化技术。在工业上广泛应用的喷墨打印技术可以用来降低成本、提供高质量产品、将模拟量转化为数字量、减少库存,处理大型、小型、柔性、易碎或者非平面基底,减少废弃物、大批量定制、更快速的原型开发以及实现即时制造等。

喷墨打印因墨水喷射和墨滴生成方式的不同分为连续喷墨和按需喷墨两大类,其中按需喷墨又可分为热喷墨、压电喷墨、静电喷墨等。

压电喷墨是通过墨水通道壁的机械变形或位移引起体积变化,进而生成和喷射墨滴。1880年,居里兄弟在α石英晶体上首次发现了压电效应。他们将切割成矩形的α石英晶体切片的三个轴分别称为电轴、机械轴和光轴,在垂直于机械轴的方向上施加机械应力时,可以观察到垂直于电轴的两个表面出现了大小相等、方向相反的电荷,这种现象被称为压电效应;反之,在垂直于电轴的方向施加电场时,晶体会发生应变或应力,这种现象被称为逆压电效应。

如图1所示,当压电晶体不受外力作用时,正电荷重心与负电荷重心相重合,整个晶体的总电偶极矩等于零,压电晶体表面不带电;在压电晶体上施加压缩机械力,正电荷重心与负电荷重心不相重合,此时总电偶极矩不为零,导致表面带电;当施加拉伸机械力时,表面带电与压缩表面带电的电性相反。

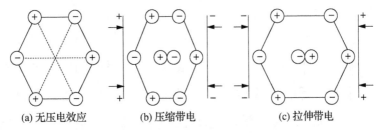

(a) 无压电效应   (b) 压缩带电   (c) 拉伸带电

图1   压电效应产生机理示意图

压电喷墨使用的是逆压电效应,即通过施加电场来产生形变。逆压电效应分为推压和剪切两种变形模式。如图2所示,极化材料推压模式的电场作用方向与压电晶体的极化方向平行,剪切模式的电场作用方向则是与压电晶体的极化方向垂直。

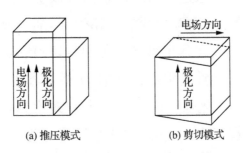

(a) 推压模式   (b) 剪切模式

图2   逆压电效应的两种变形模式示意图

压电喷墨按墨水腔变形方式的不同,可分为推压、弯曲、挤压、剪切四种模式(如图3所示)。其中,推压、弯曲、挤压模式均属于推压变形模式,电场作用方向与压电晶体的极化方向平行;而剪切模式的电场作用方向则是与压电晶体的极化方向垂直。

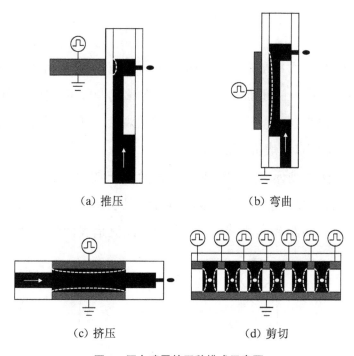

(a) 推压　　　　　　　　(b) 弯曲

(c) 挤压　　　　　　　　(d) 剪切

图3　压电喷墨的四种模式示意图

第97问 什么是表面粗糙度

所谓表面粗糙度,是指加工表面具有的较小间距和微小峰谷不平度。一般加工表面上两波峰或两波谷之间的距离(波距)很小,因此表面粗糙度属于微观几何形状误差。表面粗糙度越小,则表面越光滑。

如图1所示,是玻璃基板的表面局部放大示意图。从图中可以看出玻璃基板表面高低起伏,其实就是说明基板表面具有较小间距和微小峰谷的不平度,也就是表面粗糙度。

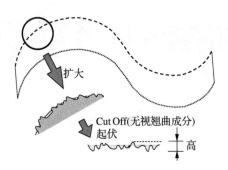

扩大

Cut Off(无视翘曲成分)
起伏

高

图1 玻璃基板的表面局部放大示意图

表面粗糙度大或小对于平板显示来说既有好处也有缺点。举个例子:ITO 的表面粗糙度,对于 OLED 像素的发光功能层来说,阳极 ITO 的表面粗糙度希望能小一点,不然会造成很薄(几十纳米)的功能层顶穿发生和阴极短路;但对于框胶涂布区的 ITO 共通电极层来说,希望表面粗糙度大一些,这样框胶接触表面积会增大,可以增加框胶黏附力,提高黏附效果。ITO 可以通过成膜、退火等工艺来调整粗糙度。

表面粗糙度最重要的评定参数是表面均方根粗糙度 R_q(Root Mean Square Roughness),其大小为取样长度内轮廓偏离平均线的均方根值。与 R_q 对应的是表面算术平均粗糙度 R_a,其大小为取样长度内轮廓偏离平均线的绝对值的算术平均值。所谓均方根值,是将每一个值平方后相加,然后算出平均值,最后对其开平方所得。

第98问 什么是 Shim（垫）片

在解释 Shim 片前，我们先要了解一下涂布工艺，这是因为 Shim 片是在涂布工艺中使用的。平板显示中常见的涂布工艺有 Roll Coating（辊轮涂布），Spin Coating（旋转涂布）以及 Slit Coating（狭缝涂布）。在这些涂布工艺中，一般都是整面涂布，也就是说整个基板都覆盖了涂布材料，不能进行简单地图形化，因此如图 1 所示的形状就涂不出来。

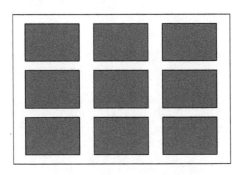

图 1　图形化涂布区示意图

但对于狭缝涂布，如果在涂布头的上、下模具中加入一个 Shim 片的话，就可以进行简单地图形化涂布了（如图 2 所示）。当然，图形的大小精度要依靠涂布膜层的边缘位置精度(包含位置精度与幅宽精度)和涂布设备的移动精度来决定。

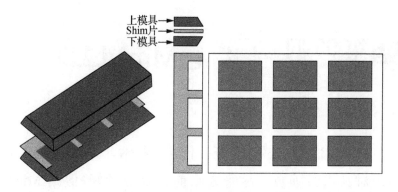

图 2　使用 Shim 片进行图形化涂布示意图

　　使用 Shim 片可以进行简单的低精度要求地图形化,避免了单独使用图形化治具工艺上的麻烦,提高了制程速度。

第99问 什么是 Mini LED

Micro LED 被视为是新一代显示技术，国内外大批厂商纷纷对其进行强攻。尽管未来前景备受看好，但是 Micro LED 目前依旧面临巨大的技术瓶颈，在一些关键技术和设备上还未取得突破。在这种无法打开局面的情况下，LED 企业只能退而求其次，发展制造技术相对成熟的 Mini LED，作为 Micro LED 发展的前哨站。

Mini LED 又叫做次毫米发光二极体，是指晶粒尺寸在 $100\mu m$ 以上的 LED。其介于传统 LED 与 Micro LED 之间，采用 LED 微缩化和矩阵化技术，简单来说就是将 LED 背光源进行薄膜化、微小化、阵列化。

从制程上来看，Mini LED 相较于 Micro LED 来说良率高且具有异型切割特性，搭配软性基板亦可达成高曲面背光的形式，能耗方面低于 OLED 产品 20%～30%，反应时间快于 OLED，使用温度也宽于 LCD 和 OLED。Mini LED 采用局部调光设计，拥有更好的演色性，能带给液晶面板更为精细的 HDR 分区，且厚度也趋近 OLED，同时具有省电功能。

与 OLED 像素本身即可自发光不同，Mini LED 属面板照明背光技术，作法为增加更多的 LED 晶粒，采用局部调光设计，其带来的优势是 LCD 具有更为精细的 HDR 分区。LCD 在 HDR 分区上的规模和精细度，实际上是背光源亮度区域调节的规模和精细度，因此 Mini LED 将有机会应用于手机、电视。Mini LED 背光面板在厚度、画质、省电效果方面都能比美 AM-OLED 面板，并且在演色性、成本优势等方面都已成功超越 AM-OLED，同时亦可轻易导入已量产之异型切割技术、曲面显示面板技术等。

Mini LED 把侧边背光源几十颗的 LED 灯变成了直下背光源数千颗、数万颗，甚至更多的 LED 灯，其 HDR 精细度达到前所未有的水平，同时 Mini LED 可以实现目前非常流行的手机刘海设计和全面屏设计，厚度可以做到跟 OLED 一样（三者的比较如表 1 所示），并且价格相对 OLED 低将近一半。考虑到目前 OLED 高昂的成本以及不足的产能，Mini LED + LCD 将作为国产中端手机的首选，市场非常巨大。

表 1 侧入光 LED+LCD，Mini LED+LCD 和 OLED 比较

项目	侧入光 LED 背光 LCD	Mini LED 背光 LCD	OLED
光源颜色	白色混合光	白色混合光 /三基色光	三基色光
光照形式	导出间接光	扩散直接光	直接光
挖空避让	不可实现	可实现	可实现

续表 1

项目	侧入光 LED 背光 LCD	Mini LED 背光 LCD	OLED
光源边框	占屏比小于93%	实现无边框	实现无边框
弯曲	不可实现	可实现	可实现
区域控制	不可实现	可实现	可实现
行列发光角度	$<150°$	$>150°$	$160°$
使用过程功耗	$0.9\sim1.2$ W	$0.5\sim1.5$ W	$0.3\sim1.5$ W
背光成本预估	20 美元	$20\sim60$ 美元	$80\sim100$ 美元

表 2 LCD，OLED，Mini LED 及 Micro LED 技术比较

项目	LCD	OLED	Mini LED	Micro LED
对比度	5000：1	∞	∞	∞
寿命	中等	中等	长	长
反应时间	毫秒级	微秒级	纳秒级	纳秒级
运作温度	$-40\sim100$ ℃	$-30\sim85$ ℃	$-100\sim120$ ℃	$-100\sim120$ ℃
成本	低	中	中	高
制程	成熟	成熟	可实现	不成熟
芯片尺寸	无	无	$100\ \mu m$	$10\ \mu m$
功耗	高	中	低	低
厚度	厚	薄	薄	薄
柔性	不可挠	可绕可卷	可绕可卷	可绕可卷

如表 2 所示，是 LCD，OLED，Mini LED 和 Micro LED 四者的技术比较，从中可以发现 Mini LED 技术在现阶段是

具有相当多优势的。

　　总体来说，Mini LED 拥有媲美 OLED 的画质、低能耗、可塑性，且技术难度低，同时不会出现 OLED 目前还存在的烧屏问题。在 75 英寸以下的显示中，Mini LED 在成本方面远高于现在的 LCD 产品，因此推广难度较大，但在一些大尺寸如 75 英寸以上的高端电视和特殊应用场合，Mini LED 相比 OLED 和 LCD 成本相差不多，因此有望与 LCD 和 OLED 共同分享 75 英寸以上高端显示市场。

第100问 一些英文简写及解释

在本书最后,我们归纳整理本行业常遇到的一些英文简写及解释,供读者参考。

(1) Q-Time:Queue Time,排队等候时间,即完成上一个工序后到下一个工序开始之间所需的时间。

(2) HP:Hot Plate,热板,常用来进行成膜预烘烤。

(3) CDA:Clear Dry Air,洁净干燥空气。

(4) AP:Air Plasma,大气等离子,常用来进行基板有机污染物的清洗与增加基板表面活性(如亲水性)。

(5) USC:Ultra Sound Clean,超声波清洗,属干式清洗,用来清除较小的颗粒污染物。

(6) TPF:Temporary Protect Film,临时保护膜。

(7) DPSS:Diode Pumped Solid State Laser,二极管泵浦固体激光器。

(8) OCA:Optically Clear Adhesive,光学透明胶,可以直接粘贴用。

(9) OCR:Optical Clear Resin,光学透明树脂,可以用

来进行涂布、固化工艺。

（10）T_g：Glass Transition Temperature，玻璃化转变温度。

（11）CTE：Coefficientof Thermal Expansion，热膨胀系数。

（12）EPD：End Point Detection，结束点测量。等离子体中处于激发态的原子或分子基团会发出特定波长的光，并且光的强度与激发原子和基团的浓度相关，EPD 通过探测反应物或生成物发出的某种特定波长的光的强度，可以得到等离子体刻蚀进行的即时信息。

（13）TDS：Thermal Desorption Spectrum，热脱附光谱仪。

（14）PCW：Plant Cooling Water（或 Process Cooling Water），工艺冷却水系统（亦称制程冷却水系统）。

（15）TC：Transfer Chamber，传送腔，提供一个真空环境，利用机器手臂在各腔之间传送基板，以节省时间。

（16）TM：Transfer Module，传送模块（单元）。

（17）PM：Process Module，处理模块（单元）。

（18）LL-In：Load Lock In，载入锁存，是 TC 设备或 TM 设备和大气侧进行气压交换的腔室。

（19）LL-Out：Load Lock Out，载出锁存，也是 TC 设备或 TM 设备和大气侧进行气压交换的腔室。

（20）MFC：Mass Flow Controller，气体流量控制器，用于控制反应气体的流量。

（21）TGA：Thermogravimetric Analysis，热重分析。

（22）TMA：Thermo Mechanical Analysis，热机械分析。

（23）HPLC：High Performance Liquid Chromatography，高效液相色谱法，又称高压液相色谱、高速液相色谱、高分离度液相色谱、近代柱色谱等。

（24）CV：Cyclic Voltammetry，循环伏安法。

（25）SDC：Slot Die Coating，狭缝模具式涂布。

（26）MD：Machine Direction，机器方向（纵向方向）。

（27）TD：Transverse Direction，横向方向。

（28）CFD：Computational Fluid Dynamics，计算流体动力学。

（29）TS：Target Source Distance，靶源距离，即蒸镀源和基板的距离。

（30）CA：Contact Angle，接触角。

（31）TA：Taper Angle，锥角。

（32）Wafer：晶圆或晶片。

（33）PQA：Process Quality Assurance，过程质量检测认证。

（34）TPD：Temperature Programmed Desorption，程序升温脱附法。

（35）PDL：Pixel Definition Layer，像素定义层。

（36）PLN：Planarization，平坦层。

（37）TG-DTA：Thermogravimetric Analysis-Differential Thermal Analysis，热重分析－差热分析法。